技工院校一体化课程教学改革电子技术应用专业教材

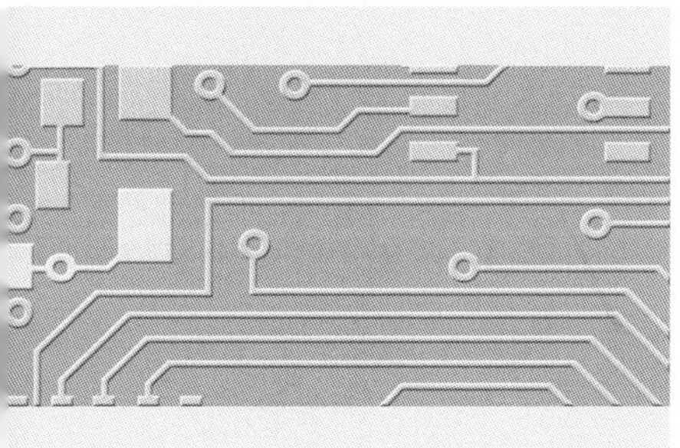

电子产品组装

中国劳动社会保障出版社

技工院校一体化课程教学改革电子技术应用专业教材

电子产品组装

人力资源和社会保障部教材办公室组织编写

中国劳动社会保障出版社

内容简介

本书主要内容包括计算机的组装、万用表的组装、DVD 整机的组装、2.1 声道有源音箱的组装四个学习任务。

图书在版编目(CIP)数据

电子产品组装/人力资源和社会保障部教材办公室组织编写. —北京：中国劳动社会保障出版社，2016

技工院校一体化课程教学改革电子技术应用专业教材

ISBN 978-7-5167-2695-2

Ⅰ. ①电… Ⅱ. ①人… Ⅲ. ①电子设备-组装-技工学校-教材 Ⅳ. ①TN805

中国版本图书馆 CIP 数据核字(2016)第 213474 号

中国劳动社会保障出版社出版发行

（北京市惠新东街 1 号 邮政编码：100029）

*

北京市艺辉印刷有限公司印刷装订 新华书店经销

787 毫米×1092 毫米 16 开本 8 印张 139 千字

2016 年 11 月第 1 版 2022 年 6 月第 2 次印刷

定价：16.00 元

读者服务部电话：(010) 64929211/84209101/64921644

营销中心电话：(010) 64962347

出版社网址：http://www.class.com.cn

http://jg.class.com.cn

技工院校一体化课程教学改革教材编委会名单

编审委员会

主　任：汤　涛

副主任：张立新　王晓君　张　斌　金　龄　刘　康　袁　芳　陈　祎

委　员：翟　涛　王　飞　何绪军　刘　春　王雪宁　陈　蕾　蔡　兵
刘素华　李荣生

编审人员

主　编：朱周春

副主编：张　涛

参　编：曹波平　燕　宏　安立军

主　审：陈用刚

序

习近平总书记指示："职业教育是国民教育体系和人力资源开发的重要组成部分，是广大青年打开通往成功成才大门的重要途径，肩负着培养多样化人才、传承技术技能、促进就业创业的重要职责，必须高度重视、加快发展。"技工教育是职业教育的重要组成部分，是系统培养技能人才的重要途径。多年来，技工院校始终紧紧围绕国家经济发展和劳动者就业，以满足经济发展和企业对技术工人的需求为办学宗旨，既注重包括专业技能在内的综合职业能力的培养，也强调精益求精的工匠精神的培育，为国家培养了大批生产一线技能劳动者和后备高技能人才。

随着加快转变经济发展方式、推进经济结构调整以及大力发展高端制造业等新兴战略性产业，迫切需要加快培养一批具有精湛技能和高超技艺的技能人才。为了进一步发挥技工院校在技能人才培养中的基础作用，切实提高培养质量，从2009年开始，我部借鉴国内外职业教育先进经验，在全国130余所技工院校先后启动了两批共计15个专业（课程）的一体化课程教学改革试点工作，推进以职业活动为导向，以校企合作为基础，以综合职业能力培养为核心，理论教学与技能操作融合贯通的一体化课程教学改革。这项改革试点将传统的以学历为基础的职业教育转变为以职业技能为基础的职业能力教育，促进了职业教育从知识教育向能力培养转变，努力实现"教、学、做"融为一体，收到了积极成效。改革试点得到了学校师生的充分认可，普遍反映一体化课程教学改革是技工院校一次"教学革命"，学生的学习热情、综合素质和教学组织形式、教学手段都发生了根本性变化。试点的成果表明，一体化课程教学改革是转变技能人才培养模式的重要抓手，是推动技工院校改革发展的重要举措，也是人力资源社会保障部门加强技工教育和职业培训工作的一个重点项目。

教学改革的成果最终要以教材为载体进行体现和传播。根据我部推进一体化课程教学改革的要求，一体化课程教学改革专家、几百位试点院校的骨干教师以及中国人力资源和社会保障出版集团的编辑团队，组织实施了一体化课程教学改革试点，并将试点中形成的课程成果进行了整理、提炼，汇编成“活页”教材。继 2012 年第一批试点专业教材正式出版之后，第二批试点专业教材经过试用、修改完善，将陆续正式出版。希望全国技工院校将一体化课程教学改革作为创新人才培养模式、提高人才培养质量的重要抓手，进一步推动教学改革，促进内涵发展，提升办学质量，为加快培养合格的技能人才做出新的更大贡献！

技工院校一体化课程教学改革
教材编委会
2016年10月

活页式教材使用说明

◆ 页码编排方式

为了更加方便地在教材中增删和替换内容，页码采用“学习任务编号-学习活动编号-页码号”三级编排形式，如“3-2-4”表示“学习任务三”的“学习活动2”的第4页。

◆ 过程评价表使用方法

教材中设计了“自评表”、“互评表”、“教师总评表”、“综合评价表”等评价表格，表头上有“班级”、“姓名”、“学号”等信息栏，从活页教材中取出评价表填写后可以单独提交。

◆ 教材内容更新方法

中国人力资源和社会保障出版集团将根据一体化课程教学改革的推进以及科学技术的发展和不同地域的需要，不断补充和更新教材中的学习任务和学习活动，学校可以从“一体化课程教学改革教学资源网（http：//zyjy.class.com.cn）”下载（需在网站注册）。通过网站还可以了解到更多的一体化课程教学改革信息和下载相关资源。

◆ 便携式活页夹和PVC保护板使用方法

对于带活页外夹的教材，使用其内附赠的便携式活页夹，可以灵活方便地将教材中部分内容携带至一体化教学场地。教材内附的整张PVC保护板可以作为学习记录垫板使用。

◆参考用书选用方法

在学习过程中，学生需要查阅大量参考资料，下表为中国人力资源和社会保障出版集团出版的适宜本专业一体化教学使用的参考书目录。

电子技术应用专业一体化教学参考书目录（中级阶段）

序号	书号	书名
1	978-7-5045-7611-8	电工基础（第三版）
2	978-7-5045-7632-3	模拟电路基础
3	978-7-5045-7624-8	数字电路基础
4	978-7-5045-7680-4	无线电基础（第四版）
5	978-7-5045-7622-4	电子测量与仪器（第四版）
6	978-7-5045-7607-1	机械知识与钳工技能训练
7	978-7-5045-7637-8	机械识图与电气制图（第四版）
8	7-5045-4166-4	电子CAD
9	978-7-5045-7686-6	传感器基础知识
10	978-7-5045-7658-3	电子基本操作技能（第四版）
11	978-7-5045-8518-9	无线电工艺（第二版）
12	978-7-5167-1248-1	维修电工技能训练（第五版）

目　　录

学习任务一　计算机的组装

学习目标

1. 能正确填写工作联系单，并根据任务要求，查阅相关资料，描述计算机主板、硬盘、内存、显示卡、声卡等硬件模块的种类和性能参数。

2. 能确定计算机主机的最佳配置方案，并根据配置方案填写计算机主要部件的清单。

3. 能按照网络采购流程模拟完成计算机主要部件的采购任务。

4. 能识读计算机整机安装说明书，核对各硬件类型、型号及数量，准备所需安装工具及材料。

5. 能做好计算机硬件静电防护措施，严格按照装配规程实施组装。

6. 能使用 Ghost 软件备份和恢复计算机操作系统。

7. 能进行通电试机，实现计算机正常启动；若不能正常启动，应能排除故障。

8. 能按照验收标准进行产品验收。

9. 能按照现场 6S 管理规范清点与维护工具，整理工作现场。

10. 能就本次任务中出现的问题提出改进措施，且能与他人合作，展示工作成果，对学习与工作进行总结与反思。

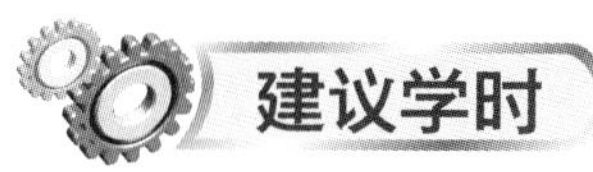

建议学时

36 学时

工作情境描述

某计算机房要配置若干台用于日常资料查阅、办公使用、电子绘图及虚拟仿真等的台式高性能计算机，现需要按照组装原理图在电子装配一体化实训室完成该类型计算机的组装，现有电源、主板、硬盘、CPU、内存条、普通机箱等材料，要求选择合适的计算机配置方案，秉承“适用、稳定”的原则，同时能够正常安装、使用常用软件，总费用不高于4 000元，6个工作日完成，经验收合格后交付使用。

工作流程与活动

1. 明确工作任务，认知计算机组件（4学时）
2. 组装前的准备（4学时）
3. 计算机主机的组装、检测与验收（24学时）
4. 工作总结与评价（4学时）

学习活动1　明确工作任务，认知计算机组件

学习目标

1. 能明确任务要求，正确填写工作联系单。

2. 能通过教师讲解和使用网络查阅、收集相关计算机硬件资料。

3. 能绘制计算机结构的贴图海报，简要描述计算机的组成，并填写计算机主要部件清单。

4. 能制订计算机的组装工作计划。

建议学时　4学时。

学习过程

一、填写工作联系单

认真阅读工作情境描述及相关资料，根据实际情况填写计算机组装工作联系单（表1—1—1）。

表1—1—1　　计算机组装工作联系单

任务名称		接单日期	
工作地点		任务周期	
工作内容			
提供物料			
产品要求			

续表

客户姓名		联系电话		验收日期	
团队负责人姓名		联系电话		团队名称	
备　注					

二、认知计算机主机（硬件）

1．根据给出的计算机组件图片（图1—1—1），识别计算机的主要组成部件。

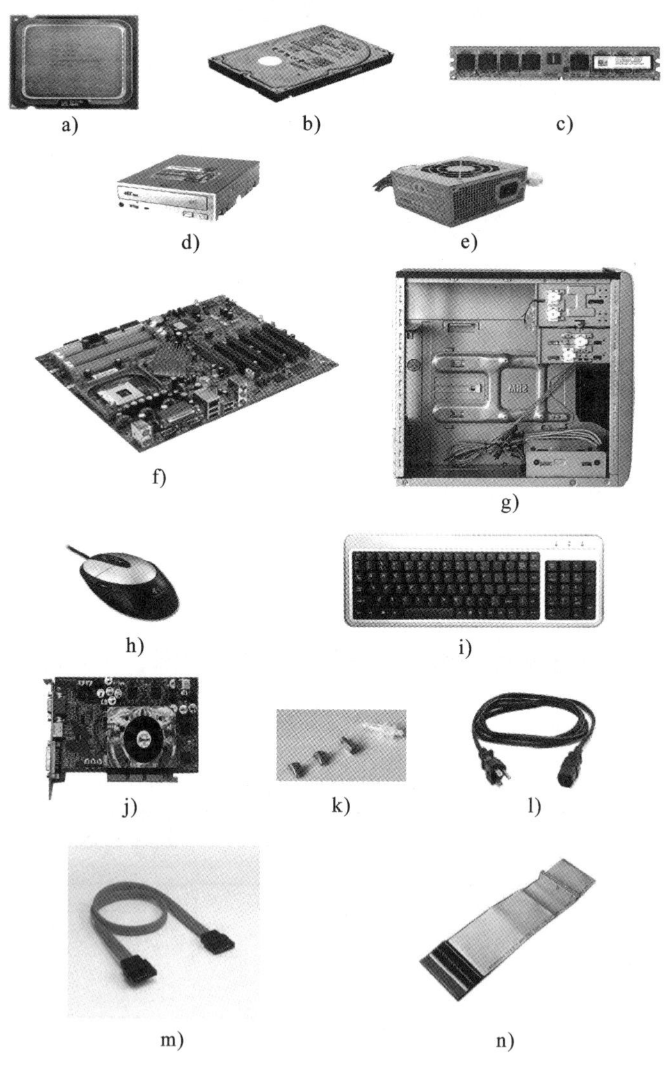

图1—1—1　计算机组件

a）CPU　b）硬盘　c）内存条　d）光驱　e）电源　f）主板　g）主机箱　h）鼠标　i）键盘　j）显示卡　k）螺钉　l）主机电源线　m）、n）硬盘数据线

（1）制作一张反映计算机各重要部件的贴图海报，标注出各组成部件的名称。

（2）简述制作贴图海报的流程及注意事项。

2. 查阅资料，简述计算机系统的基本组成和分类。

3. 画出计算机硬件系统的工作原理框图。

4. 根据计算机硬件系统的工作原理框图，小组讨论确定计算机的组装步骤。通过查阅资料（网络或计算机组装教材）确定板卡间连接接口的名称，将接口名称标注在海报上，并进行小组汇报，汇报内容如下：

（1）计算机主要部件的连接关系。

（2）图 1—1—1 中涉及的主要接口名称，如 CPU、内存、显示卡、硬盘、鼠标、键盘的接口名称。

（3）小组内确定的计算机组装步骤。

三、制订工作计划（表 1—1—2）

表 1—1—2　　计算机的组装工作计划表

团队名称		团队编号		任务名称		任务起止日期	
步骤	计划名称	工作内容				预计施工日期	预计工时	备注
1								
2								
3								
4								
5								
6								
7								

教师审核意见：

教师（签名）：__________　　制订计划人（签名）：__________

年　月　日

评价与分析

根据每个小组成员在本活动学习过程中的表现情况填写《学习任务过程性考核记录表》(见附表，以下亦同)。

学习活动2　组装前的准备

学习目标

1. 能查阅计算机主要部件的性能参数、价格、生产厂家等信息，并做出相关分析，确定最佳购买方案。

2. 能在教师指导下，在电子商务网站进行用户注册、登录，模拟购买一套计算机主要组成部件。

3. 能识别主要部件，并对部件质量进行外观检测。

4. 能制订计算机组装方案。

建议学时　4学时。

学习过程

一、模拟采购计算机主要部件

1. 在IT商务网上查询将要组装计算机部件的价格，填写计算机组装部件预算清单（表1—2—1）；查询计算机部件的主要性能参数，填写到组装结构示意海报的元件旁。可选择的IT商务网站有：www. pconline. com. cn；www. zol. com. cn；www. it168. com等。

表1—2—1　　计算机组装部件预算清单

制表：　　审核：　　年　月　日

序号	名称	型号	数量	单价（元）	总价（元）	备注
1	CPU					
2	主板					
3	硬盘					

续表

序号	名称	型号	数量	单价（元）	总价（元）	备注
4	内存条					
5	电源					
6	主机箱					
7	风扇					
8	光驱					
9	显示卡					
10	鼠标					
11	键盘					
12	硅脂					
预算合计		人民币（大写）				

2. 在IT商务网站上模拟采购CPU、硬盘、内存条中的任意一件，了解网购注意事项，写出采购的操作步骤。

二、工具、材料准备

认真阅读本学习任务中的工作联系单及相关资料，领取计算机组装部件，并填写其基本信息（表1—2—2）。

表 1—2—2　　计算机组装部件清单

序号	任务	名称	型号	数量	备注
1	领取材料（含消耗品）	CPU			
2		主板			
3		硬盘			
4		内存条			
5		电源			
6		主机箱			
7		风扇			
8		光驱			
9		显示卡			
10		鼠标			
11		键盘			
12		U 盘			
13		主机电源线			
14		硬盘连接线			
15		绑带			
16		海报纸			
17	领用工具	记号笔（红、绿、蓝）			
18		剪刀			
19		尖嘴钳			
20		医用镊子			
21		硅脂			
22		旋具			
23		塑料小盒			
领料人（签名）			发料人（签名）		

三、制订组装方案（表1—2—3）

表1—2—3　　计算机主机的组装方案

任务名称		工作任务日期（起—止）		方案制订日期	
序号	组装步骤	具体工作内容	所需资料、材料及工具	负责人	参与人员
1					
2					
3					
4					
5					
6					
7					
8					

教师审核意见：

教师（签名）：__________　　决策人（签名）：__________

年　月　日

评价与分析

根据每个小组成员在本活动学习过程中的表现情况填写《学习任务过程性考核记录表》。

学习活动3　计算机主机的组装、检测与验收

学习目标

1. 能识读计算机整机安装说明书，核对各硬件类型、型号及数量，准备所需安装工具及材料。

2. 能做好计算机硬件静电防护措施，严格按照装配规程实施组装。

3. 能使用 Ghost 软件备份和恢复计算机操作系统。

4. 能进行通电试机，实现计算机正常启动；若不能正常启动，应能排除故障。

5. 能按照验收标准进行产品验收。

6. 能按照现场 6S 管理规范清点与维护工具，整理工作现场。

建议学时　24 学时。

学习过程

一、组装计算机

1. 查阅资料或咨询教师，明确计算机组装前应做好的准备工作，记录下来。

2. 查阅资料，结合图 1—3—1 所示计算机组装流程图，完成表 1—3—1 的填写。

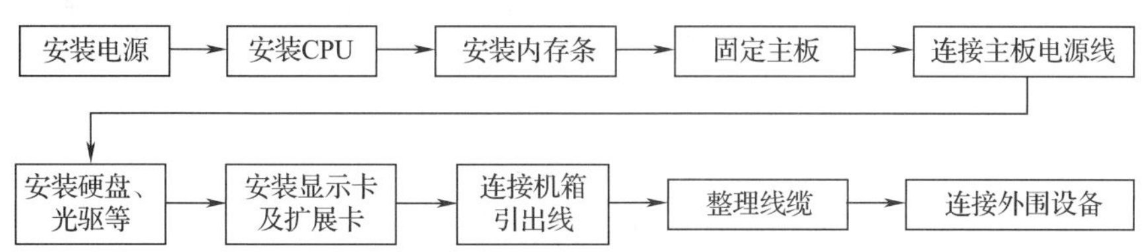

图 1—3—1　计算机组装流程图

表 1—3—1　　计算机组装步骤及注意事项

组装流程	操作图示	具体步骤及注意事项
安装电源	a）把电源放在机箱固定架上 b）拧紧电源螺钉	
安装 CPU	a) 拉起 CPU 插座小扳手 b) 将 CPU 插入插座中，并在 CPU 表面涂一定的硅胶 c) 安装 CPU 风扇并固定小扳手 d) 安装 CPU 风扇电源	

续表

组装流程	操作图示	具体步骤及注意事项
安装内存条		
固定主板	 a）安装好铜柱的机箱 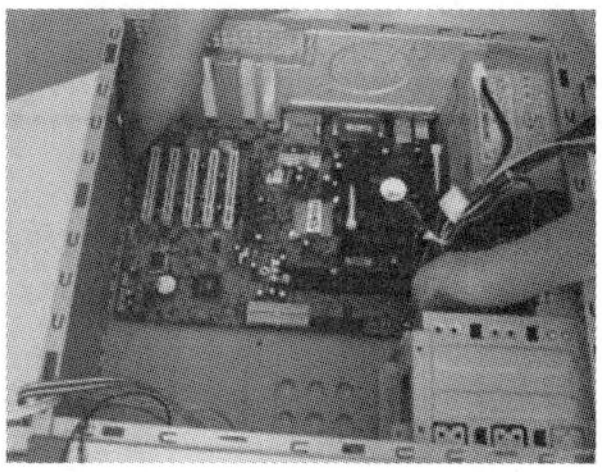 b）将主板固定在机箱中	
连接主板电源线	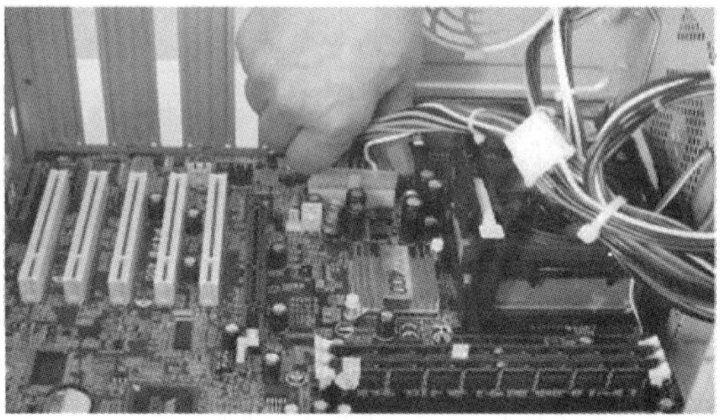 将电源线插头插入主板电源插座中	
安装硬盘	 a）将IDE数据线插头插入硬盘接口 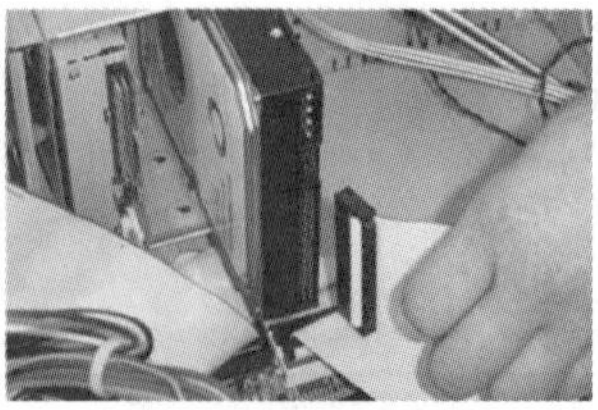 b）将IDE数据线插头插入主板的IDE通道	

续表

组装流程	操作图示	具体步骤及注意事项
安装光驱	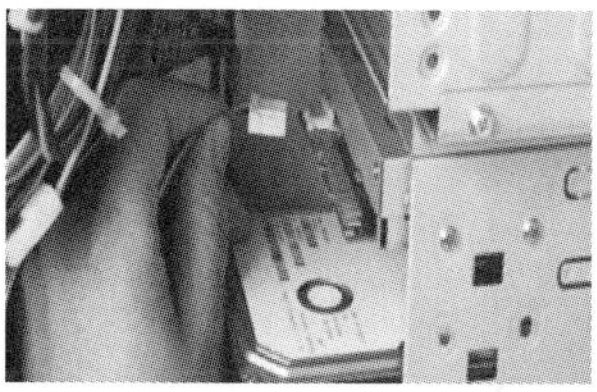 a) 连接软驱电源 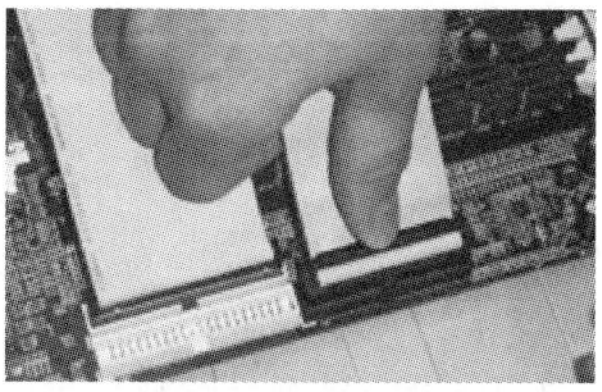　b) 连接软驱数据线  c) 连接主板	
安装显示卡及扩展卡		
连接机箱引出线	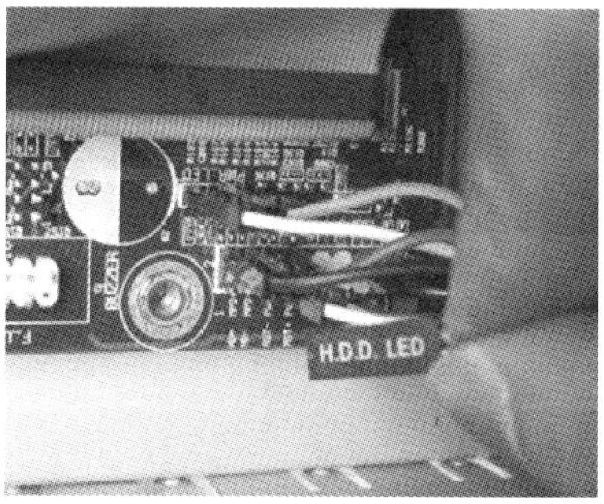	

续表

组装流程	操作图示	具体步骤及注意事项
整理 线缆	 安装完成的机箱内部	
连接 外围设备	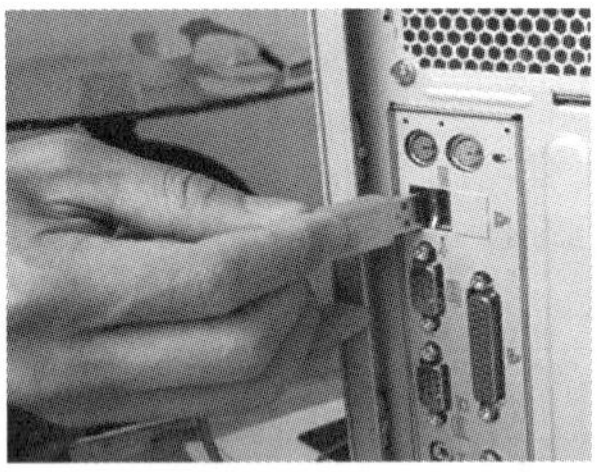 a) 连接鼠标 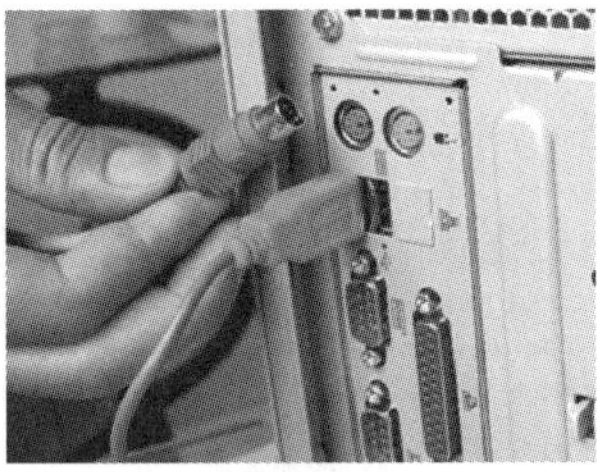 b) 连接键盘  c) 连接显示器  d) 连接音箱  e) 连接主机电源	

3．按照组装操作的基本工艺要求组装计算机，在表 1—3—2 中记录组装过程中遇到的问题。

表 1—3—2　　组装过程问题记录表

序号	问题	分析原因
1		
2		
3		
4		
5		
6		

4．组装完成后，对各部分的组装质量进行自检，并在表 1—3—3 中做好记录。

表 1—3—3　　组装质量记录表

自检项目	自检结果	出现的问题及解决方法

二、计算机系统安装

1．查阅资料，了解系统软件及启动盘的制作方法。

2. 查阅资料，了解 Ghost 软件的特点、使用方法及注意事项。

（1）系统备份操作内容及说明（表 1—3—4）

启动 Ghost 后，选择 Local → Partition 对分区进行操作，按以下操作说明备份计算机系统，并将备份注意事项补充完整。

表 1—3—4　　系统备份操作说明及注意事项

步骤	操作说明	操作注意事项
1	启动 Ghost	
2	进入 Ghost 菜单	
3	选择 Local → Partition →To Image 备份	
4	选择硬盘	
5	选择分区	
6	选择多个分区	
7	选择镜像文件的位置	
8	输入镜像文件名	
9	显示空间不够的提示：是否压缩	
	显示空间不够的提示	
	显示空间不够的警告	
10	选择压缩比例	
11	正在进行备份操作	

（2）恢复分区操作内容及说明（表 1—3—5）

选择 Local → Partition → From Image，对分区进行恢复。

表 1—3—5　　恢复分区操作说明及注意事项

步骤	操作说明	操作注意事项
1	从镜像文件恢复分区	
2	选择镜像文件	
3	一个镜像文件中可能含有多个分区，需要选择分区	
4	选择目标硬盘	
5	选择目标分区	
6	给出提示信息，确认后恢复分区	

3. 查阅资料，了解除 Ghost 备份软件外其他常用系统备份软件的特点及使用方法。

三、通电调试与验收

1. 通电调试

计算机组装完成后，接上电源，启动计算机对硬件进行调试。通电后，计算机会进行加电自检，一般情况下，如果听到“滴”的一声，说明计算机一切正常，可以进行下一步工作。如果计算机启动后没有任何反应，说明组装过程有错误，这时就需要再次打开机箱，对硬件的组装重新进行检查，看是否有插错的地方，是否有硬件没有安装到正确的位置等。经过一番仔细检查后，再次加电，如果听到“滴”的一声，说明一切已经正常。

2. 交付验收

各小组派出代表进行交叉验收，并填写验收过程问题记录表（表 1—3—6）。

表 1—3—6　　验收过程问题记录表

序号	验收中存在的问题	改进和完善措施	完成时间	备注
1				
2				
3				
4				
5				

3．验收标准及评分（表 1—3—7）

表 1—3—7　　计算机的组装验收标准及评分表

序号	验收项目	验收标准	配分	客户评分	备注
1	计算机外观	无新的划痕、破损、裂缝，无油污，外观整洁、干净、美观	20 分		
2	计算机部件连接	计算机部件连接正确、可靠，符合样品标准	20 分		
3	控制线路连接	导线位置连接正确、牢固，连接线捆扎牢固	20 分		
4	整机组装	整机组装时，计算机部件、电源线、数据线、机箱外壳位置正确，安装牢固，螺钉无漏装现象	20 分		
5	开机测试	开机后能运行操作系统，鼠标、键盘操作正常，显示器、光驱、硬盘等部件工作正常	20 分		
客户对项目验收评价成绩			100 分		

四、整理工具、清理现场

按照现场 6S 管理规范清点与维护工具，整理工作现场。

评价与分析

根据每个小组成员在本活动学习过程中的表现情况填写《学习任务过程性考核记录表》。

学习活动 4　工作总结与评价

学习目标

1. 能按分组情况，选派代表用 PPT 展示本组工作成果，并进行自我评价与小组评价。

2. 能结合任务完成情况，正确规范地撰写工作总结（心得体会）。

3. 能对本任务中出现的问题进行分析，并提出改进措施和方法。

建议学时　4 学时。

学习过程

一、个人、小组评价

以小组为单位，选择演示文稿、展板、海报、视频等形式中的一种或几种，向全班展示、汇报制作成果。在展示的过程中，以小组为单位进行评价；评价完成后，根据其他小组成员对本组展示成果的评价意见进行归纳总结。

二、听取教师评价

认真听取教师对本小组展示成果优缺点以及工作过程中亮点和不足的评价意见，并做好记录。

1．教师对本小组展示成果优点的点评。

2．教师对本小组展示成果缺点以及改进方法的点评。

3．教师对本小组整个任务完成中出现的亮点和不足的点评。

三、工作过程回顾及总结

1．总结完成计算机组装任务过程中遇到的问题和困难，列举 2 ~ 3 点你认为比较值得和其他同学分享的工作经验。

2. 回顾本学习任务的工作过程，对新学专业知识和技能进行归纳和整理，写一篇字数不少于600字的工作总结。

工作总结

评价与分析

按照“客观、公正和公平”原则，在教师的指导下按自我评价、小组评价和教师评价三种方式对自己或他人在本学习任务中的表现进行综合评价。综合等级按：A（90～100）、B（75～89）、C（60～74）、D（0～59）四个级别进行填写，见表1—4—1。

表1—4—1 学习任务综合评价表

考核项目	评价内容	配分	评价分数		
			自我评价	小组评价	教师评价
职业素养	劳动保护用品穿戴完备，仪容仪表符合工作要求	5分			
	安全意识、责任意识、服从意识强	6分			
	积极参加教学活动，按时完成各项学习任务	6分			
	团队合作意识强，善于与人交流和沟通	6分			
	自觉遵守劳动纪律，尊敬师长，团结同学	6分			
	爱护公物，节约材料，管理现场符合6S标准	6分			
专业能力	专业知识扎实，有较强的自学能力	10分			
	操作积极，训练刻苦，具有一定的动手能力	15分			
	技能操作规范，注重安装工艺，工作效率高	10分			
工作成果	项目安装符合工艺规范，产品功能满足要求	20分			
	工作总结符合要求，产品制作质量高	10分			
总分		100分			
总评	自我评价×20%＋小组评价×20%＋教师评价×60%＝	综合等级	教师（签名）：		

学习任务二　万用表的组装

学习目标

1. 能正确填写工作联系单，并根据任务要求查阅相关资料，描述万用表的类型、常见外观样式、功能和组成。

2. 能正确识别万用表组件。

3. 能根据组装要求，准备组装万用表所需的工具和焊接材料。

4. 能正确使用常用组装工具并进行日常维护与保养。

5. 熟悉常用电子元器件的识别方法，能用万用表对常用电子元器件进行检测。

6. 熟悉手工焊接的步骤与操作方法。

7. 能严格按照装配规程及安装图进行万用表的装配。

8. 能对装配好的万用表进行检测，并按照验收标准进行交付验收。

9. 能按照现场 6S 管理规范清点与维护工具，整理工作现场。

10. 能就本次任务中出现的问题提出改进措施，且能与他人合作，展示工作成果，对学习与工作进行总结与反思。

建议学时

36 学时

工作情境描述

为节省成本，教师为同学们购买了一批 MF47 型万用表套件，包括万用表的外壳、主板、表头及配件等。现按照样机实物和安装图，在电子装配一体化实训室完成万用表套件的组装，要求该万用表具有 24 个测量量程，能分别测量交、直流电压、电流及电阻等物理量，6 个工作日完成，经验收合格后交付使用。

工作流程与活动

1. 明确工作任务，认知万用表（4 学时）
2. 组装前的准备（10 学时）
3. 万用表的组装、检测与验收（18 学时）
4. 工作总结与评价（4 学时）

学习活动1　明确工作任务，认知万用表

学习目标

1. 能正确填写工作联系单，并根据任务要求，进行相关资料的查阅，描述万用表的类型、常见外观样式、功能和组成。

2. 能正确识别万用表组件。

3. 能制订万用表的组装工作计划。

建议学时　4学时。

学习过程

一、填写工作联系单

认真阅读工作情境描述及相关资料，根据实际情况填写万用表组装工作联系单（表2—1—1）。

表2—1—1　万用表组装工作联系单

任务名称		接单日期	
工作地点		任务周期	
工作内容			
提供物料			
产品要求			

续表

客户姓名		联系电话		验收日期	
团队负责人姓名		联系电话		团队名称	
备　注					

二、认知万用表

1. 观察图 2—1—1 所示万用表实物图，从类型、常见外观样式等方面简述其共同点和不同点，并查阅资料，指出是否还有其他种类。

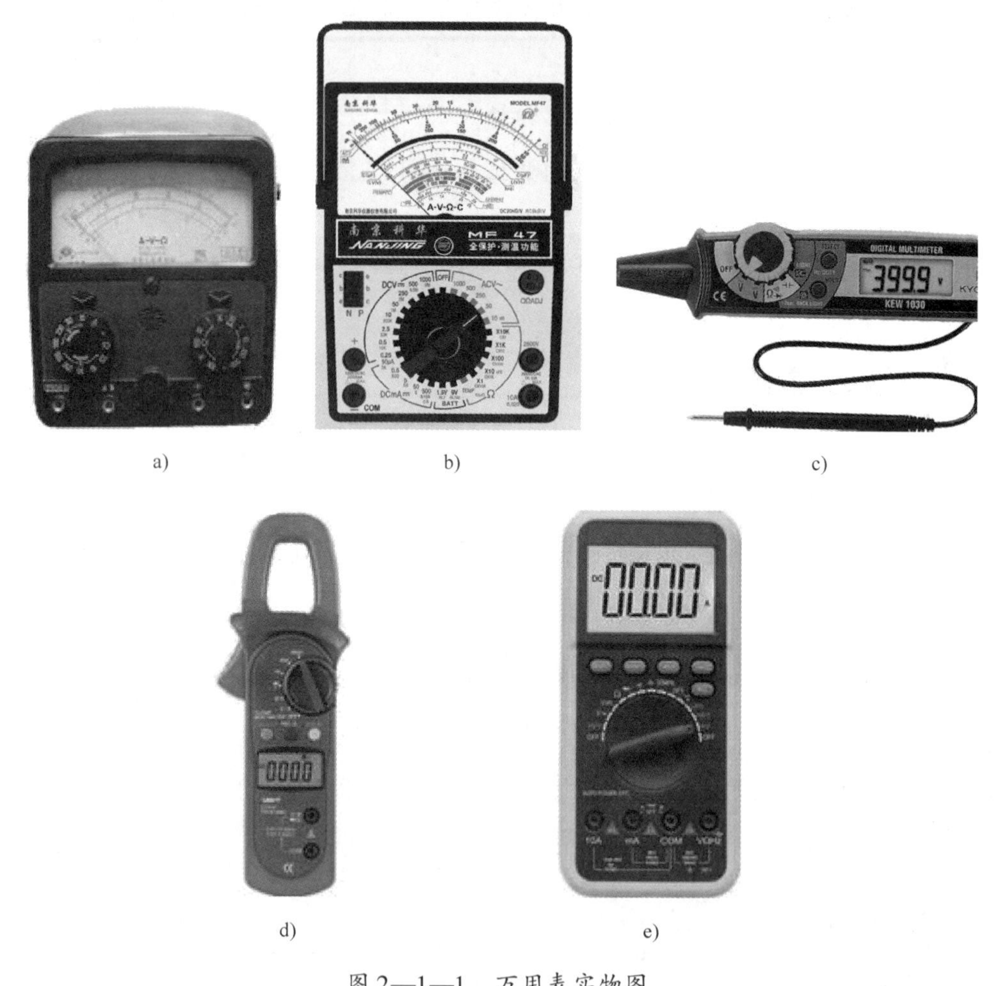

a)　　b)　　c)

d)　　e)

图 2—1—1　万用表实物图

2. 查阅资料，简述万用表的主要功能。

3. 参考图 2—1—2 所示 MF47 型万用表面板，完成表 2—1—2 的填写。

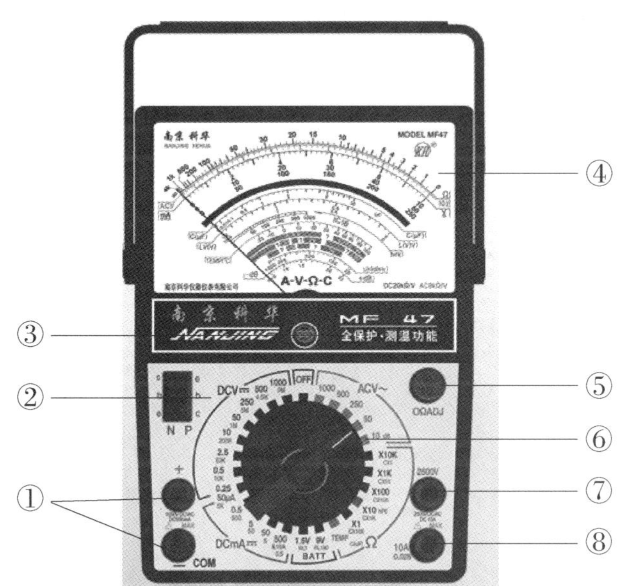

图 2—1—2　MF47 型万用表面板

表 2—1—2　　MF47 型万用表面板各插孔/旋钮及其作用

序号	插孔/旋钮	作用
①	“+”“COM”插孔	
②	NPN、PNP 插孔	
③	机械调零旋钮	
④	刻度盘	
⑤	0ΩADJ	
⑥	转换开关旋钮	
⑦	2 500 V	
⑧	10 A	

三、制订工作计划（表 2—1—3）

表 2—1—3　　万用表的组装工作计划表

团队名称		团队编号		任务名称		任务起止日期		
步骤	计划名称	工作内容				预计施工日期	预计工时	备注
1								
2								
3								
4								
5								
6								
7								

教师审核意见：

教师（签名）：__________　　制订计划人（签名）：__________

年　月　日

评价与分析

根据每个小组成员在本活动学习过程中的表现情况填写《学习任务过程性考核记录表》。

学习活动 2　组装前的准备

学习目标

1. 能根据组装要求，准备组装万用表所需的工具和焊接材料。

2. 能正确使用常用组装工具，并进行工具的日常维护与保养。

3. 熟悉手工焊接的步骤及操作方法。

4. 能正确识别电阻，读出电阻阻值。

5. 能用万用表检测电阻、电容及二极管。

6. 能制订万用表组装方案。

建议学时　10 学时。

学习过程

一、工具、材料准备

认真阅读本学习任务中的工作联系单及相关资料，领取万用表组装工具、组件及材料，并填写其基本信息（表 2—2—1、表 2—2—2）。

表 2—2—1　组件及材料清单

任务名称			指导教师	
序号	组件及材料名称	规格与型号	数量	目测外观情况
1				
2				
3				

续表

序号	组件及材料名称	规格与型号	数量	目测外观情况
4				
5				
6				
7				
8				
9				
10				
11				

发放人：____________________

领用人（签字）：____________________

年　　月　　日

表 2—2—2　　工具清单

任务名称			指导教师		
序号	工具名称	规格与型号	数量	目测外观情况	是否已归还
1					
2					
3					
4					
5					
6					
7					
8					
9					
10					

发放人：____________________

领用人（签字）：____________________

年　　月　　日

二、常用组装工具的名称、功能及使用

1．观察所领取的组装工具，并借助于网络或查阅相关书籍，填写表 2—2—3。

表 2—2—3　　常用组装工具的名称及功能

序号	工具名称	功能
1		
2		
3		
4		
5		
6		
7		
8		

2．常用组装工具的使用

查阅相关资料，完成表 2—2—4 的填写。

表 2—2—4　　常用组装工具的使用

序号	工具名称	说明	使用注意事项
1	电烙铁	分类： 使用标准： 握法：	
2	尖嘴钳	规格尺寸：	
3	斜口钳	规格尺寸：	

续表

序号	工具名称	说明	使用注意事项
4	剥线钳	规格尺寸：	
5	镊子	规格尺寸：	
6	旋具	分类：	

三、手工焊接

1. 查阅相关资料，掌握手工焊接方法。

根据焊接操作方法将焊接步骤补充完整（表 2—2—5）。

表 2—2—5　　焊接操作步骤及方法

序号	步骤	图示	操作方法
1	准备焊接	焊锡丝　电熔铁	左手拿________，右手握________，进入备焊状态
2	加热焊件		烙铁头沿____方向紧贴元器件引线并与焊盘紧密接触，加热整个焊件时间大约为________ s
3	融化焊料		焊件的焊接面被加热到一定温度时，焊锡丝从电烙铁的________接触焊件，而不是____________

续表

序号	步骤	图示	操作方法
4	移开焊锡		焊锡丝应始终与焊盘呈________夹角移开
5	移开烙铁		撤离电烙铁方向要与焊盘呈45°夹角，并在将要离开焊接点时________，然后迅速离开焊接点，结束焊接

2. 查阅相关资料，回答下列问题。

（1）手工焊接工艺有哪些要求？

（2）焊锡丝的类型有哪些？

（3）助焊剂的作用是什么？

(4) 简述烙铁头的类型及保养措施。

(5) 焊接前还要做哪些准备工作?

(6) 手工焊接合格的焊点的质量要求有哪些?

(7) 检查焊接质量的基本方法有哪些?

(8) 焊接缺陷产生的原因有哪些?

四、常用电子元器件的检测

1. 查阅相关资料，简述色环电阻的识别方法和用万用表测量电阻的方法。

2. 查阅相关资料，简述电容的检测方法。

3. 查阅相关资料，简述二极管的检测方法。

五、制订组装方案（表2—2—6）

表2—2—6　　万用表的组装方案

<table>
<tr><td>任务名称</td><td colspan="2"></td><td>工作任务日期（起—止）</td><td></td><td>方案制订日期</td><td colspan="2"></td></tr>
<tr><td>序号</td><td>组装步骤</td><td colspan="3">具体工作内容</td><td>所需资料、材料及工具</td><td>负责人</td><td>参与人员</td></tr>
<tr><td>1</td><td></td><td colspan="3"></td><td></td><td></td><td></td></tr>
<tr><td>2</td><td></td><td colspan="3"></td><td></td><td></td><td></td></tr>
<tr><td>3</td><td></td><td colspan="3"></td><td></td><td></td><td></td></tr>
<tr><td>4</td><td></td><td colspan="3"></td><td></td><td></td><td></td></tr>
<tr><td>5</td><td></td><td colspan="3"></td><td></td><td></td><td></td></tr>
<tr><td>6</td><td></td><td colspan="3"></td><td></td><td></td><td></td></tr>
<tr><td>7</td><td></td><td colspan="3"></td><td></td><td></td><td></td></tr>
<tr><td>8</td><td></td><td colspan="3"></td><td></td><td></td><td></td></tr>
</table>

教师审核意见：

教师（签名）：__________　　决策人（签名）：__________

年　月　日

评价与分析

根据每个小组成员在本活动学习过程中的表现情况填写《学习任务过程性考核记录表》。

学习活动 3　万用表的组装、检测与验收

学习目标

1. 能对照样机实物和安装图进行万用表的组装。

2. 熟悉万用表的工作原理及使用方法。

3. 能对装配好的万用表进行检测，并能排除故障。

4. 能按照验收标准进行产品验收。

5. 能按照现场 6S 管理规范清点与维护工具，整理工作现场。

建议学时　18 学时。

学习过程

一、万用表的组装

1. 电路板装配

按照样机将元器件装在电路板上，注意元器件的参数、极性等，焊点要符合要求，同时焊接过程要符合安全操作规范。

参考图 2—3—1 和图 2—3—2，进行电路板的安装。

（1）如何清除元器件表面的氧化层?

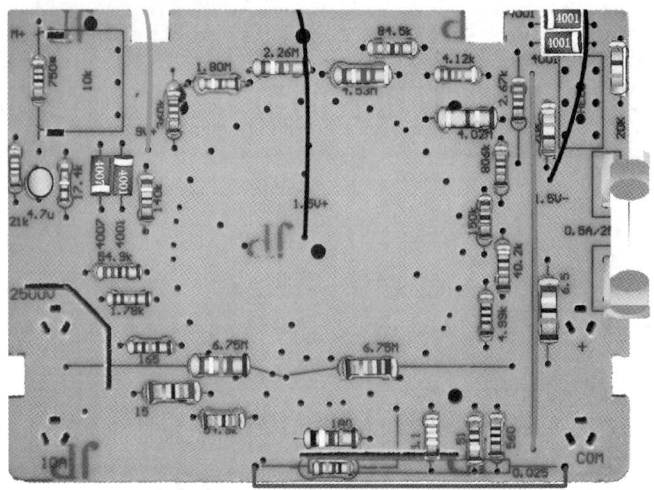

图 2—3—1 电路板反面元器件的安装

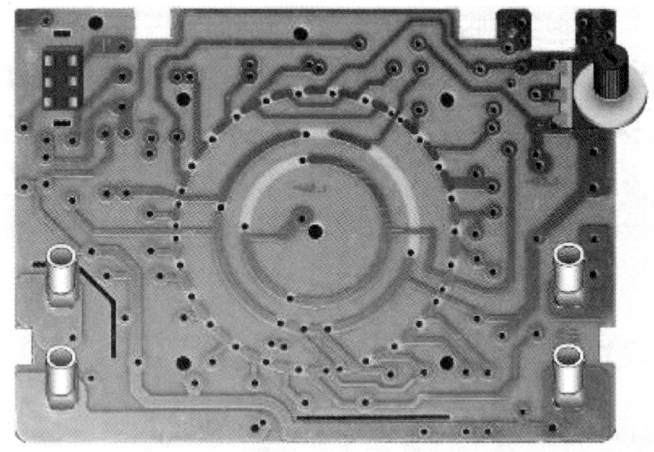

图 2—3—2 电路板正面元器件的安装

(2) 元器件引脚的弯制成形原则有哪些?

（3）焊接时，元器件的排列有何原则?

（4）焊接时，错焊元器件应如何处理?

（5）烙铁头上多余的锡应如何处理?

（6）将表 2—3—1 中万用表组件的安装方法补充完整。

表 2—3—1　万用表组件的安装

名称	安装方法
电位器	
环形分流器	
输入插管	
晶体管插座	

（7）简述电池极板的安装注意事项。

2. 机械部分的安装与调整（表 2—3—2）

表 2—3—2 机械部分的安装与调整

名称	安装及注意事项
表头	
电刷旋钮	
电刷	
电路板	
提把	
挡位开关旋钮	

二、万用表的原理及使用

组装完毕，查阅相关资料，回答下列问题。

1. MF47 型万用表的工作原理是什么?

2．MF47 型万用表电阻挡的工作原理是什么?

3．MF47 型万用表交、直流电压挡的工作原理是什么?

4．MF47 型万用表交、直流电流挡的工作原理是什么?

5．使用万用表的注意事项有哪些?

三、万用表的检验

1．印制电路板的检验（表 2—3—3）

表 2—3—3　印制电路板的检验

检验项目	检验结果	解决方法
电阻器色环，电解电容器极性，二极管型号、极性等是否正确		
焊接点是否符合要求		
表头、电池是否卡线		

2. 整机外观及组装检验

(1) 整机外观检验

简述整机外观检验的项目，并记录存在的问题。

(2) 整机组装检验

1) 转换开关质量检验。慢慢转动转换开关，观察转换开关的转动是否流畅。

2) 表壳及其他部件组装是否牢固。

对整机组装质量进行检验并做好记录。

检测结果:

对存在的问题及缺陷进行修正，并做好记录。

修正结果:

3．万用表功能检验

（1）基准挡位调试

万用表作为测量工具最重要的是准确。查阅相关资料，简述应如何将万用表调试准确。

（2）万用表各功能挡检测

观察万用表共有哪些功能挡，并在表 2—3—4 中记录各功能挡的检测结果。

表 2—3—4　　万用表各功能挡的检测结果

序号	功能挡检测	标称值	结果（或现象）
1	检测电阻		
2	检测二极管		
3	检测电容器		
4	测量 5 V 直流电压		
5	测量 15 V 交流电压		
6	测量 0.1 A 直流电流		
7	测量 0.1 A 交流电流		

四、交付验收

1．各小组派出代表进行交叉验收，并填写验收过程问题记录表（表 2—3—5）。

表 2—3—5　验收过程问题记录表

序号	验收中存在的问题	改进和完善措施	完成时间	备注
1				
2				
3				
4				

2．验收标准及评分（表 2—3—6）

表 2—3—6　万用表的组装验收标准及评分表

序号	验收项目	验收标准	配分	客户评分	备注
1	万用表外观	无新的划痕、破损、裂缝，无油污，外观整洁、干净、美观	20 分		
2	元器件安装	电子元器件型号和规格选用正确，安装位置正确	20 分		
3	焊接质量	焊接牢固，焊点光滑，无虚焊、漏焊，导线连接工艺符合要求	20 分		
4	整机组装	整机组装时，元器件、导线位置正确，安装牢固，螺钉无漏装现象	20 分		
5	性能测试	各项功能测试正常，精度符合标准	20 分		
客户对项目验收评价成绩			100 分		

五、整理工具、清理现场

按照现场 6S 管理规范清点与维护工具，整理工作现场。

评价与分析

根据每个小组成员在本活动学习过程中的表现情况填写《学习任务过程性考核记录表》。

学习活动 4　工作总结与评价

学习目标

1. 能按分组情况，选派代表用 PPT 展示本组工作成果，并进行自我评价与小组评价。

2. 能结合任务完成情况，正确规范地撰写工作总结（心得体会）。

3. 能对本任务中出现的问题进行分析，并提出改进措施和方法。

建议学时　4 学时。

学习过程

一、个人、小组评价

以小组为单位，选择演示文稿、展板、海报、视频等形式中的一种或几种，向全班展示、汇报制作成果。在展示的过程中，以小组为单位进行评价；评价完成后，根据其他小组成员对本组展示成果的评价意见进行归纳总结。

二、听取教师评价

认真听取教师对本小组展示成果优缺点以及工作过程中亮点和不足的评价意见，并做好记录。

1. 教师对本小组展示成果优点的点评。

2. 教师对本小组展示成果缺点以及改进方法的点评。

3. 教师对本小组整个任务完成中出现的亮点和不足的点评。

三、工作过程回顾及总结

1. 总结完成万用表组装任务过程中遇到的问题和困难，列举 2 ~ 3 点你认为比较值得和其他同学分享的工作经验。

2. 回顾本学习任务的工作过程，对新学专业知识和技能进行归纳和整理，写一篇字数不少于600字的工作总结。

工作总结

评价与分析

按照“客观、公正和公平”原则，在教师的指导下按自我评价、小组评价和教师评价三种方式对自己或他人在本学习任务中的表现进行综合评价。综合等级按：A（90～100）、B（75～89）、C（60～74）、D（0～59）四个级别进行填写，见表2—4—1。

表2—4—1　　学习任务综合评价表

<table>
<tr><th rowspan="2">考核项目</th><th rowspan="2">评价内容</th><th rowspan="2">配分</th><th colspan="3">评价分数</th></tr>
<tr><th>自我评价</th><th>小组评价</th><th>教师评价</th></tr>
<tr><td rowspan="6">职业素养</td><td>劳动保护用品穿戴完备，仪容仪表符合工作要求</td><td>5分</td><td></td><td></td><td></td></tr>
<tr><td>安全意识、责任意识、服从意识强</td><td>6分</td><td></td><td></td><td></td></tr>
<tr><td>积极参加教学活动，按时完成各项学习任务</td><td>6分</td><td></td><td></td><td></td></tr>
<tr><td>团队合作意识强，善于与人交流和沟通</td><td>6分</td><td></td><td></td><td></td></tr>
<tr><td>自觉遵守劳动纪律，尊敬师长，团结同学</td><td>6分</td><td></td><td></td><td></td></tr>
<tr><td>爱护公物，节约材料，管理现场符合6S标准</td><td>6分</td><td></td><td></td><td></td></tr>
<tr><td rowspan="3">专业能力</td><td>专业知识扎实，有较强的自学能力</td><td>10分</td><td></td><td></td><td></td></tr>
<tr><td>操作积极，训练刻苦，具有一定的动手能力</td><td>15分</td><td></td><td></td><td></td></tr>
<tr><td>技能操作规范，注重安装工艺，工作效率高</td><td>10分</td><td></td><td></td><td></td></tr>
<tr><td rowspan="2">工作成果</td><td>项目安装符合工艺规范，产品功能满足要求</td><td>20分</td><td></td><td></td><td></td></tr>
<tr><td>工作总结符合要求，产品制作质量高</td><td>10分</td><td></td><td></td><td></td></tr>
<tr><td colspan="2">总分</td><td>100分</td><td></td><td></td><td></td></tr>
<tr><td>总评</td><td>自我评价×20%＋小组评价×20%＋教师评价×60%＝</td><td>综合等级</td><td colspan="3">教师（签名）：</td></tr>
</table>

学习任务三　DVD 整机的组装

学习目标

1. 能正确填写工作联系单，并根据任务要求，进行相关资料的查阅，识别 DVD 机的电源、解码、机芯等硬件模块，并描述其模块功能。

2. 熟悉 DVD 机各部件接口类型及定义。

3. 能识读 DVD 整机安装说明书，准备组装 DVD 机所需工具及材料。

4. 能根据领料单领料，并检查 DVD 机各模块和工具耗材的品质和数量。

5. 能用常用工具规范制作导线、排线及外壳等。

6. 能做好 DVD 机硬件静电防护措施，严格按照装配规程及安装图进行 DVD 机的组装。

7. 能在教师指导下进行通电试机，实现 DVD 机正常启动；若不能正常启动，应能排除故障。

8. 能按照验收标准进行产品验收。

9. 能按照现场 6S 管理规范清点与维护工具，整理工作现场。

10. 能就本次任务中出现的问题提出改进措施，且能与他人合作，展示工作成果，对学习与工作进行总结与反思。

建议学时

54 学时

工作情境描述

某教室需要一台 DVD 机供大家开展活动使用，现按照样机实物或安装图，在电子装配一体化实训室完成该DVD整机的组装，要求该DVD机能正常播放常见格式的音、视频文件，外形美观，使用安全，图像清晰，无噪声。9个工作日完成，经验收合格后交付使用。

工作流程与活动

1. 明确工作任务，认知DVD机组件（4学时）
2. 组装前的准备（14学时）
3. DVD整机的组装、检测与验收（32学时）
4. 工作总结与评价（4学时）

学习活动 1　明确工作任务，认知 DVD 机组件

学习目标

1. 能明确任务要求，正确填写工作联系单。

2. 能通过各种资讯手段了解 DVD 机的外观样式、基本结构及各部分的功能。

3. 熟悉 DVD 机各部件接口类型及定义，能识别 DVD 机的电源、解码、机芯等硬件模块及接口，描述其性能指标。

4. 能制订 DVD 整机的组装工作计划。

建议学时　4 学时。

学习过程

一、填写工作联系单

认真阅读工作情境描述及相关资料，根据实际情况填写 DVD 整机组装工作联系单（表 3—1—1）。

表 3—1—1　　DVD 整机组装工作联系单

任务名称		接单日期	
工作地点		任务周期	
工作内容			
提供物料			

续表

产品要求					
客户姓名		联系电话		验收日期	
团队负责人姓名		联系电话		团队名称	
备　注					

二、认知 DVD 机

1. 阅读相关参考资料，回答下列问题。

（1）DVD 的中、英文名称是什么?

（2）DVD 光盘、DVD 机、DVD 驱动器有何区别? 功能有何不同?

（3）常用的 CD、DVD 等光盘在结构上有何区别?

2. 识别 DVD 机主要组件，明确 DVD 机主要组件的连接关系。

(1) 认真观察 DVD 机外观图（图 3—1—1），指出各部分的名称。

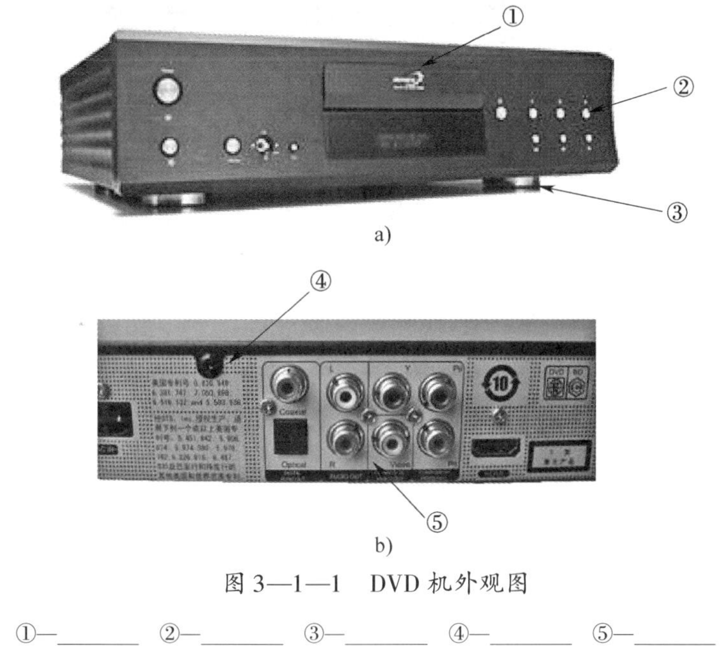

图 3—1—1　DVD 机外观图

①—________　②—________　③—________　④—________　⑤—________

(2) 观察 DVD 机内部硬件结构（图 3—1—2），填写其主要部件的基本信息（表 3—1—2）。注意观察各模块的安装位置及各模块间的连接关系，画出各主要部件之间的连接关系框图。

图 3—1—2　DVD 机内部硬件结构

表 3—1—2 DVD 机各主要部件的基本信息

序号	部件名称	部件品牌	型号和规格	数量
1	电源板			
2	解码板			
3	AV 端子板			
4	碟架			
5	激光头			
6	机芯架			

DVD 机内部结构框图（列出模块功能、模块连接关系）：

（3）观察 DVD 机后面板接口（图 3—1—3），识别各接口的中、英文名称，并对照 DVD 机后面板画出其接口框图。

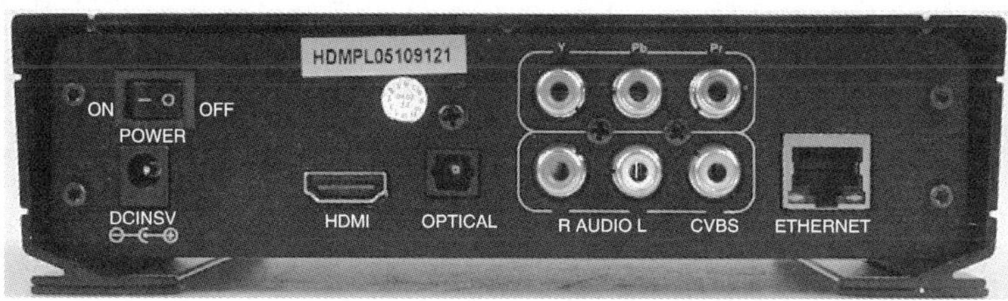

图 3—1—3　DVD 机后面板接口

DVD 机后面板接口框图：

（4）查阅相关资料，了解 DVD 机工作原理，画出 DVD 机工作原理框图。

DVD 机工作原理框图：

三、制订工作计划（表 3—1—3）

表 3—1—3　　DVD 整机的组装工作计划表

团队名称		团队编号		任务名称		任务起止日期		
步骤	计划名称	工作内容				预计施工日期	预计工时	备注
1								
2								
3								
4								
5								
6								

续表

步骤	计划名称	工作内容	预计施工日期	预计工时	备注
7					
8					
9					
10					

教师审核意见：

教师（签名）：__________　　制订计划人（签名）：__________

年　　月　　日

评价与分析

根据每个小组成员在本活动学习过程中的表现情况填写《学习任务过程性考核记录表》。

学习活动2　组装前的准备

学习目标

1. 能根据安装说明书准备装配工具、配件、材料等所需物品。

2. 熟悉常用组装工具的类型及功能，并能正确使用。

3. 能识别常用电子元器件，并能对其进行检测。

4. 能制订 DVD 整机组装方案。

建议学时　14 学时。

学习过程

一、工具、材料准备

认真阅读本学习任务中的工作联系单及相关资料，领取 DVD 整机组装工具、组件及材料，并填写其基本信息（表 3—2—1、表 3—2—2）。

表 3—2—1　组件及材料清单

任务名称			指导教师	
序号	组件及材料名称	规格与型号	数量	目测外观情况
1				
2				
3				
4				
5				
6				

续表

序号	组件及材料名称	规格与型号	数量	目测外观情况
7				
8				
9				
10				
11				

发放人：____________

领用人（签字）：____________

年　　月　　日

表 3—2—2　　工具清单

任务名称			指导教师		
序号	工具名称	规格与型号	数量	目测外观情况	是否已归还
1					
2					
3					
4					
5					
6					
7					
8					
9					
10					

发放人：____________

领用人（签字）：____________

年　　月　　日

二、常用组装工具的名称、功能及使用

1. 观察所领取的组装工具，借助于网络或查阅相关书籍，填写表 3—2—3。

表 3—2—3　　常用组装工具的名称及功能

序号	工具名称	功能
1		
2		
3		
4		
5		
6		
7		
8		

2. 查阅相关资料，回答下列问题。

（1）什么是划线基准？如何正确选择划线基准？

（2）如何正确选用和安装锯条？起锯的方式和操作要点是什么？

（3）锉刀由哪几个部分组成？如何正确握锉刀？锉削的正确操作姿势是什么？

3. 利用手工锯或钩刀按轮廓线进行切割下料。

（1）锯削的方法和注意事项是什么？

（2）如何钩割？

1）钩刀由哪几部分组成？

2）钩刀片如何安装？

3）钩刀如何使用？有哪些注意事项？

三、常用电子元器件的检测

1．查阅相关资料，回答下列问题。

（1）什么是开关器件？薄膜开关应如何检测？

（2）举例说明什么是接插件，并简述其在电子产品中的作用。

（3）如何判断发光二极管的极性和质量好坏？

2. 识别下列开关器件、接插件等元器件，并将表 3—2—4 补充完整。

表 3—2—4　常用元器件的识别

序号	实物图片	部件名称	功能	数量
1				
2	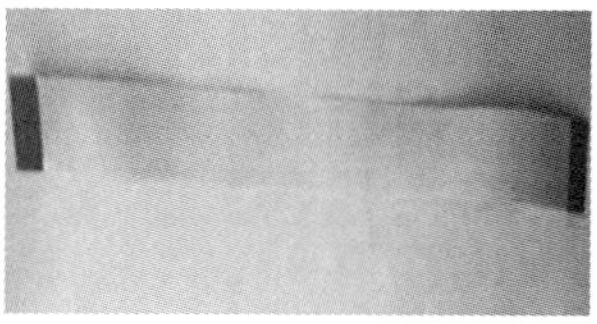			
3	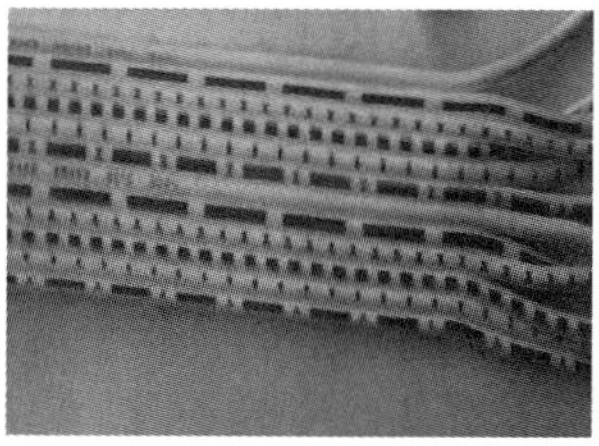			
4	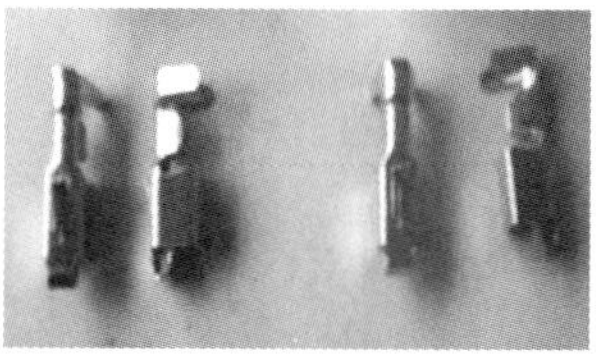			
5	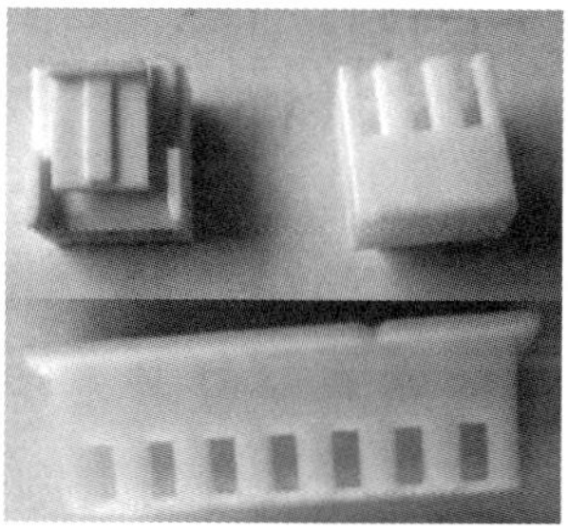			

续表

序号	实物图片	部件名称	功能	数量
6				
7	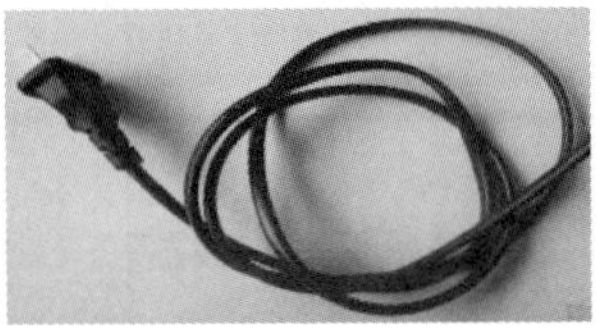			

四、制订组装方案（表3—2—5）

表3—2—5　　DVD 整机的组装方案

任务名称		工作任务日期（起—止）		方案制订日期	
序号	组装步骤	具体工作内容	所需资料、材料及工具	负责人	参与人员
1					
2					
3					
4					
5					
6					
7					
8					

续表

序号	组装步骤	具体工作内容	所需资料、材料及工具	负责人	参与人员
9					
10					

教师审核意见：

教师（签名）：＿＿＿＿＿＿　　决策人（签名）：＿＿＿＿＿＿

年　　月　　日

评价与分析

根据每个小组成员在本活动学习过程中的表现情况填写《学习任务过程性考核记录表》。

学习活动3　DVD整机的组装、检测与验收

学习目标

1. 能用常用工具规范制作导线、排线及外壳等。

2. 能做好DVD整机硬件静电防护措施，严格按照装配规程实施组装。

3. 能在教师指导下进行通电试机，实现DVD机正常启动；若不能正常启动，应能排除故障。

4. 能按照验收标准进行产品验收。

5. 能按照现场6S管理规范清点与维护工具，整理工作现场。

建议学时　32学时。

学习过程

一、DVD机外壳的制作

1. 根据需组装的DVD整机实际尺寸，确定各面板尺寸和材质要求（表3—3—1），并画出DVD机外壳图纸，注明尺寸大小。

表3—3—1　DVD机各面板尺寸和材质要求

名称	尺寸（mm）	材质要求
底板		
上面板		
前面板		
后面板		
侧面板		
肋板		

DVD 机外壳图样：

2. 用直尺和绘图铅笔在所领用的中纤板和有机玻璃板上按尺寸要求分别画出上下面板、前后面板、侧面板和肋板的尺寸轮廓线和加工余量线。

3. 如何加工外壳各部件切割断面？有哪些注意事项？

4. 如何画定位孔线和安装孔线？有哪些注意事项？

5. 如何加工定位孔和安装孔？有哪些注意事项？

6. 制作好的 DVD 机外壳各部件如何粘接？有哪些粘接方法？有哪些注意事项？

二、导线及排线的制作

1. 制作电源开关导线的主要工具和材料有哪些？

2. 电源开关引脚如何测试？其上面“I”和“O”两字母按下时表示什么含义？

3. 写出电源开关导线的制作方法和步骤。

4. 如何安装插头护套？

5. 如何制作电源输入导线？如何制作电源板输出 +5 V 电源线？分别有哪些注意事项？

6. 如何制作电源指示灯导线？

7. 如何制作遥控接收导线？

8. 如何制作解码板与碟架、机芯架相连的排线，并安装插头护套？有哪些注意事项？

三、DVD 机芯的组装

1. DVD 机芯主要由哪几部分组成?

2. 简述 DVD 机芯的组装步骤。

3. 简述 DVD 机芯组装时的注意事项。

四、部件连接与功能检测

可先将 DVD 机各部件放置在泡沫垫或绝缘垫上，然后用导线和排线将各部件正确连接，经教师检查无误后，在教师指导下通电运行，检测各部件功能是否正常。

1. 写出电源板功能检测方法及现象。

2. 写出解码板、机芯功能检测方法及现象。

五、DVD 整机组装

1. 简述 DVD 整机的组装步骤。

2. 简述安装机芯、电源板和解码板时的注意事项。

3. 简述各部件连接与导线敷设时的注意事项。

六、通电调试与交付验收

1．通电调试

整机组装完毕后，主要测试内容有：

（1）电源板功能测试

DVD 机组装好后，打开电源开关，观察电源指示灯是否点亮。若灯亮，表明电源板功能正常；否则，用万用表直流挡测试电源板 7 芯插座上的 1 号脚和 2 号脚、3 号脚和 4 号脚，看有无 +5 V 电压输出。若有，表明电源板是好的，电源指示灯损坏；否则，电源板有故障。

（2）遥控接收头功能测试

用一个已经设置好的同型号的 DVD 遥控器测试遥控接收头功能好坏。按遥控器上的进/出仓键，观察机芯托盘是否有进/出仓动作，若有，表明遥控接收头能正常工作；否则，有故障。

（3）机芯安装位置高度测试

主要观察当托盘进/出仓时，仓门能否自由进出前面板的仓门孔。

（4）激光头物镜与光盘距离测试

用一根音视频线缆将 DVD 机与电视机正确连接起来，分别放入一张 VCD 和 DVD 光盘后，观察激光头能否正常读碟。若能，表明激光头物镜与光盘距离合适；若不能，可能的原因是激光头物镜与光盘距离过近或过远，这时就要通过机芯架和碟架间四个塑料垫圈上的卡槽位置来调节激光头物镜与光盘的距离。

按照上述测试的基本工艺要求，对各部分的组装质量进行自检，在表 3—3—2 中记录安装过程中遇到的问题，并在表 3—3—3 中做好组装质量记录。

表 3—3—2　　安装过程问题记录表

序号	问题	分析原因
1		
2		
3		
4		

表 3—3—3　　组装质量记录表

自检项目	自检结果	解决方法

DVD 机功能测试完成后，合上上盖板，并装上紧固螺钉，完成 DVD 整机组装。

2．交付验收

（1）各小组派出代表进行交叉验收，并填写验收过程问题记录表（表 3—3—4）。

表 3—3—4　　验收过程问题记录表

序号	验收中存在的问题	改进和完善措施	完成时间	备注
1				
2				
3				
4				

（2）验收标准及评分（表 3—3—5）

表 3—3—5　　DVD 整机的组装验收标准及评分表

序号	验收项目	验收标准	配分	客户评分	备注
1	DVD 机外观	无新的划痕、破损、裂缝，无油污，外观整洁、干净、美观	20 分		
2	DVD 机部件连接	DVD 机部件连接正确、可靠，符合样品标准	20 分		

续表

序号	验收项目	验收标准	配分	客户评分	备注
3	控制线路连接	导线连接正确、牢固，连接线捆扎牢固	20 分		
4	整机组装	整机组装时，DVD 机部件、电源线、数据线、机箱外壳位置正确，安装牢固，螺钉无漏装现象	20 分		
5	开机测试	开机后能正常播放 DVD 碟片，图像清晰，无噪声	20 分		
客户对项目验收评价成绩			100 分		

七、整理工具、清理现场

按照现场 6S 管理规范清点与维护工具，整理工作现场。

评价与分析

根据每个小组成员在本活动学习过程中的表现情况填写《学习任务过程性考核记录表》。

学习活动4　工作总结与评价

学习目标

1. 能按分组情况，选派代表用 PPT 展示本组工作成果，并进行自我评价与小组评价。

2. 能结合任务完成情况，正确规范地撰写工作总结（心得体会）。

3. 能对本任务中出现的问题进行分析，并提出改进措施和方法。

建议学时　4学时。

学习过程

一、个人、小组评价

以小组为单位，选择演示文稿、展板、海报、视频等形式中的一种或几种，向全班展示、汇报制作成果。在展示的过程中，以小组为单位进行评价；评价完成后，根据其他小组成员对本组展示成果的评价意见进行归纳总结。

二、听取教师评价

认真听取教师对本小组展示成果优缺点以及工作过程中亮点和不足的评价意见，并做好记录。

1. 教师对本小组展示成果优点的点评。

2. 教师对本小组展示成果缺点以及改进方法的点评。

3. 教师对本小组整个任务完成中出现的亮点和不足的点评。

三、工作过程回顾及总结

1. 总结完成 DVD 整机组装任务过程中遇到的问题和困难，列举 2 ~ 3 点你认为比较值得和其他同学分享的工作经验。

2. 回顾本学习任务的工作过程，对新学专业知识和技能进行归纳和整理，写一篇字数不少于600字的工作总结。

工作总结

评价与分析

按照“客观、公正和公平”原则，在教师的指导下按自我评价、小组评价和教师评价三种方式对自己或他人在本学习任务中的表现进行综合评价。综合等级按：A（90～100）、B（75～89）、C（60～74）、D（0～59）四个级别进行填写，见表 3—4—1。

表 3—4—1　　学习任务综合评价表

考核项目	评价内容	配分	评价分数		
			自我评价	小组评价	教师评价
职业素养	劳动保护用品穿戴完备，仪容仪表符合工作要求	5 分			
	安全意识、责任意识、服从意识强	6 分			
	积极参加教学活动，按时完成各项学习任务	6 分			
	团队合作意识强，善于与人交流和沟通	6 分			
	自觉遵守劳动纪律，尊敬师长，团结同学	6 分			
	爱护公物，节约材料，管理现场符合 6S 标准	6 分			
专业能力	专业知识扎实，有较强的自学能力	10 分			
	操作积极，训练刻苦，具有一定的动手能力	15 分			
	技能操作规范，注重安装工艺，工作效率高	10 分			
工作成果	项目安装符合工艺规范，产品功能满足要求	20 分			
	工作总结符合要求，产品制作质量高	10 分			
总分		100 分			
总评	自我评价 ×20% + 小组评价 ×20% + 教师评价 ×60% =	综合等级	教师（签名）：		

学习任务四　2.1 声道有源音箱的组装

学习目标

1. 能正确填写工作联系单，并根据任务要求，进行相关资料的查阅，了解音箱的组成、结构、功能及制作流程。

2. 能对音箱的材质进行分类，区分不同材质的优缺点。

3. 能根据组装要求，准备所需工具和材料。

4. 能正确识别电容器、扬声器、电感器和变压器等器件，并检测其质量好坏。

5. 能严格按照装配规程完成 2.1 声道有源音箱的组装。

6. 能进行通电调试，并能排除故障。

7. 能按照验收标准进行产品验收。

8. 能按照现场 6S 管理规范清点与维护工具，整理工作现场。

9. 能就本次任务中出现的问题提出改进措施，且能与他人合作，展示工作成果，对学习与工作进行总结与反思。

建议学时

72 学时

工作情境描述

某同学组装了一台计算机，为节省成本未配置音箱，不能正常输出音频信号，现需要按照样机实物或安装图在电子装配一体化实训室组装一个 2.1 声道有源音箱，要求外观精美，声音保真度高，总工本费不高于200元，12个工作日完成，经验收合格后交付使用。

工作流程与活动

1. 明确工作任务，认知2.1声道有源音箱（6学时）
2. 组装前的准备（26学时）
3. 2.1声道有源音箱的组装、检测与验收（36学时）
4. 工作总结与评价（4学时）

学习活动 1　明确工作任务，认知 2.1 声道有源音箱

学习目标

1. 能明确任务要求，正确填写工作联系单。

2. 能描述音箱的组成、结构及功能，指出各部件的名称和作用。

3. 了解有源音箱的制作流程。

4. 能对音箱的材质进行分类，区分不同材质的优缺点。

5. 能制订 2.1 声道有源音箱的组装工作计划。

建议学时　6 学时。

学习过程

一、填写工作联系单

认真阅读工作情境描述及相关资料，根据实际情况填写 2.1 声道有源音箱组装工作联系单（表 4—1—1）。

表 4—1—1　　2.1 声道有源音箱组装工作联系单

任务名称		接单日期	
工作地点		任务周期	
工作内容			
提供材料			
产品要求			

续表

客户姓名		联系电话		验收日期	
团队负责人姓名		联系电话		团队名称	
备　注					

二、认知2.1声道有源音箱

1. 查阅相关资料，简述音箱的发展历史。

2. 根据常见的音箱及接口类型（图4—1—1），填写表4—1—2。

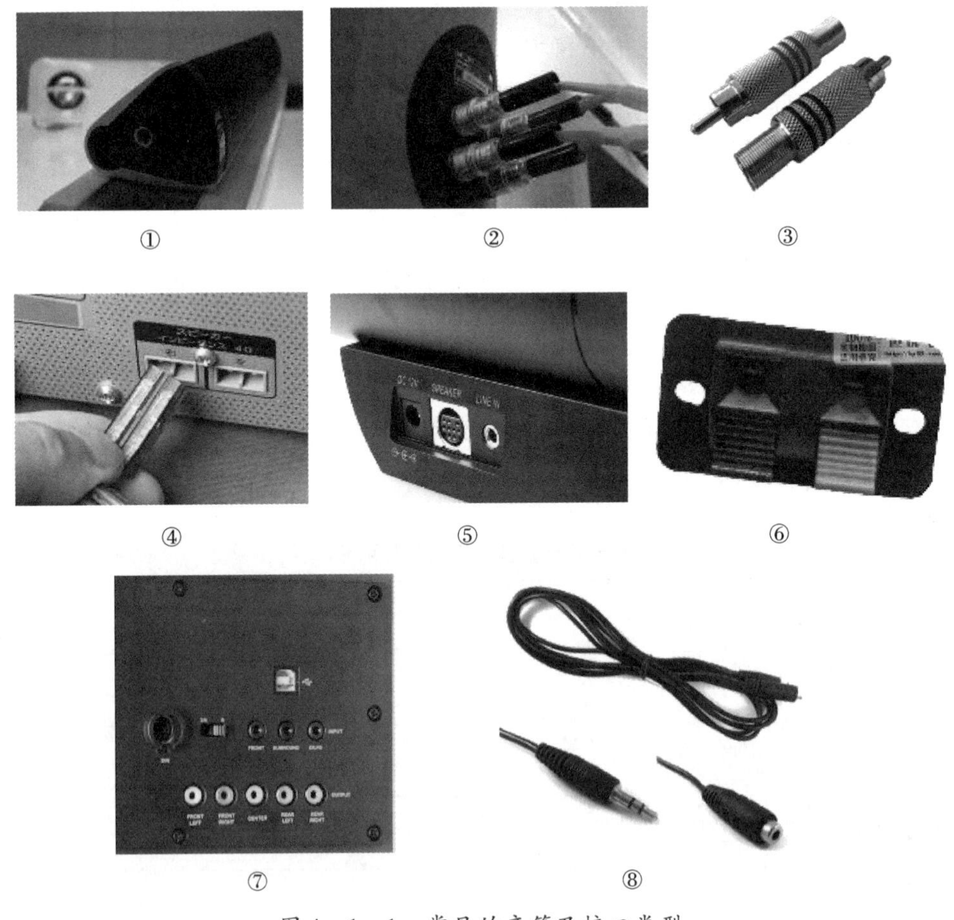

图4—1—1　常见的音箱及接口类型

表 4—1—2　音箱接口类型与图片的对应关系

接口类型	对应图片
音箱接线夹	
PS/2	
AV 接口	
莲花接口	
耳机接口	
接线柱	
Socket 接口	
USB 接口	

3. 查阅相关资料，简述音箱的常用材质及其优缺点。

4. 通过上网查询、图书馆翻阅资料等多种手段，熟悉各类型音箱的特点及应用场合，并将表 4—1—3 补充完整。

表 4—1—3　音箱的特点及应用

序号	类型	特点	应用
1	密封式音箱		
2	倒相式音箱		
3	迷宫式音箱		
4	声波管式音箱		
5	多腔谐振式音箱		

5. 查阅相关资料，指出2.1声道有源音箱各组成部分的名称及功能（表4—1—4）。

表4—1—4　　2.1声道有源音箱各组成部分的名称及功能

序号	部件名称	部件功能
1		
2		
3		
4		
5		
6		
7		
8		
9		
10		

6. 参考图4—1—2，操作成品的2.1声道有源音箱，弄清楚各按钮的功能及对应的中文名称，并将表4—1—5补充完整。

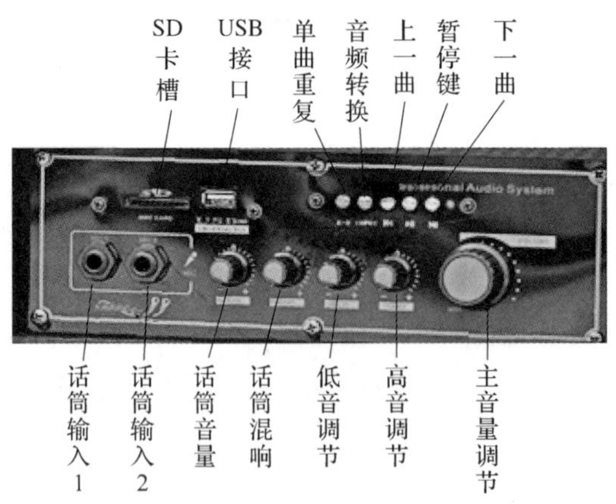

图4—1—2　2.1声道有源音箱面板操作图

表 4—1—5　　各按钮的功能及对应的中文名称

按钮	中文名称	功能
Input		
Output		
Volume		
Equalizer		
Bass		
Middle		
Treble		
Line Out		
Phones		
Fuse		

7. 观看教师示范的音箱操作流程，总结 2.1 声道有源音箱的制作流程。

8. 通过资讯过程的学习，简述音箱组装工人应具备哪些技能。

三、制订工作计划（表4—1—6）

表4—1—6　　2.1 声道有源音箱的组装工作计划表

团队名称		团队编号		任务名称		任务起止日期		
步骤	计划名称	工作内容				预计施工日期	预计工时	备注
1								
2								
3								
4								
5								
6								
7								

教师审核意见：

教师（签名）：＿＿＿＿＿＿　　制订计划人（签名）：＿＿＿＿＿＿

年　　月　　日

评价与分析

根据每个小组成员在本活动学习过程中的表现情况填写《学习任务过程性考核记录表》。

学习活动 2　组装前的准备

学习目标

1. 能正确填写领料单并领料。

2. 能正确识别电容器、扬声器、电感器和变压器等器件，并检测其质量好坏。

3. 能制订 2.1 声道有源音箱的组装方案。

建议学时　26 学时。

学习过程

一、工具、材料准备

认真阅读本学习任务中的工作联系单及相关资料，领取 2.1 声道有源音箱的组装工具、组件及材料，并填写其基本信息（表 4—2—1、表 4—2—2）。

表 4—2—1　　组件及材料清单

任务名称			指导教师	
序号	组件及材料名称	规格与型号	数量	目测外观情况
1				
2				
3				
4				
5				
6				
7				

续表

序号	组件及材料名称	规格与型号	数量	目测外观情况
8				
9				
10				
11				

发放人：____________

领用人（签字）：____________

年　月　日

表 4—2—2　工具清单

任务名称			指导教师		
序号	工具名称	规格与型号	数量	目测外观情况	是否已归还
1					
2					
3					
4					
5					
6					
7					
8					
9					
10					

发放人：____________

领用人（签字）：____________

年　月　日

二、认知电声器件

1. 参考图 4—2—1，简述扬声器主要由哪几部分组成。

图 4—2—1　扬声器

2. 认真观察表 4—2—3 中有源音箱各组成部件的实物图片，将各部分对应的功能补充完整。

表 4—2—3　有源音箱各组成部件的名称、外形及功能

序号	实物图片	部件名称	功能
1		扬声器	
2		音箱箱体	

续表

序号	实物图片	部件名称	功能
3		三分频器	

3．查阅相关资料，判断表4—2—4中常见电声器件的类型，并补全其名称及功能。

表4—2—4　　常见电声器件的名称、外形及功能

序号	实物图片	部件名称	功能
1			
2			
3			

续表

序号	实物图片	部件名称	功能
4			

4. 用万用表分别检测扬声器和话筒的质量好坏，并将其检测结果记录在表 4—2—5 中。

表 4—2—5 扬声器和话筒检测结果记录

序号	检测对象	类型	型号	万用表挡位	检测结果
1	扬声器				
2	话筒				

若有故障，简单说明故障现象：

三、认知电容器

1. 查阅相关资料，回答下列问题。

(1) 电容器有哪些常见类型？每种类型有何特点？各自有哪些主要用途？

（2）电容器有哪些主要参数？其容量的标注方法有哪几种？

（3）电容器的检测方法有哪些？如何判断其质量好坏？

（4）写出电容器容量的基本单位及不同容量单位之间的换算关系。

（5）若某电容器上标注为 4.7 μF/25 V，则其含义是什么？

2．观察表 4—2—6 中电容器的实物图片，指出其名称、特点及应用。

表 4—2—6　常见电容器的名称、外形、特点及应用

序号	实物图片	名称	特点	应用
1	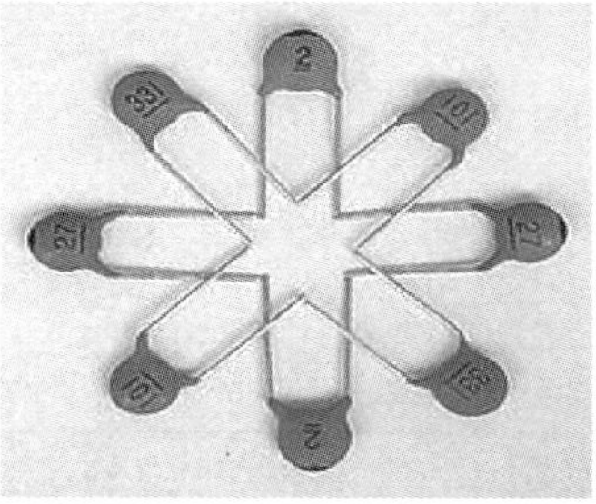			
2	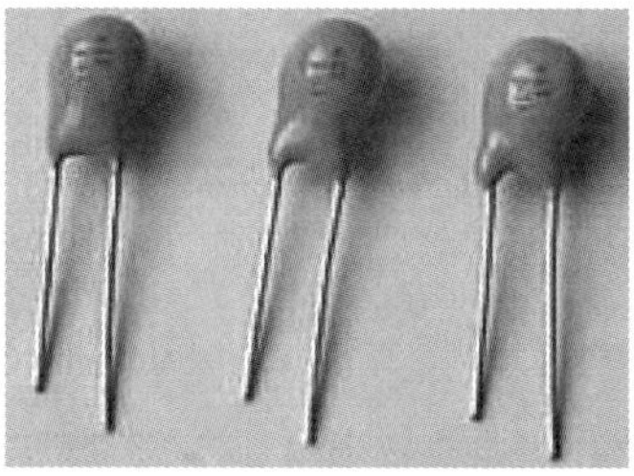			
3	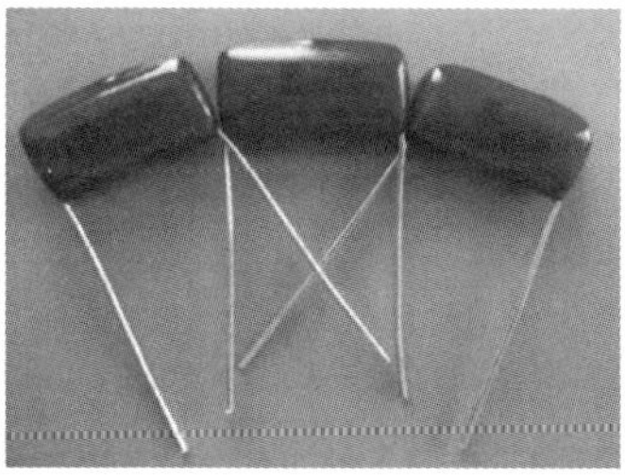			
4	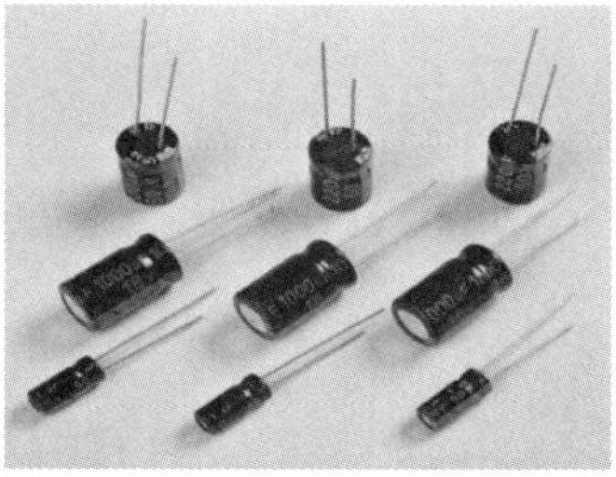			
5				

续表

序号	实物图片	名称	特点	应用
6				

3. 识别、检测电容器并判断其质量好坏（表 4—2—7）。

表 4—2—7　　电容器的识别与质量检测

序号	电容器类型	型号规格	耐压值	标称容量	允许误差	检测结果
1						
2						
3						
4						
5						

四、认知电感器和变压器

1. 查阅相关资料，回答下列问题。

（1）电感器有哪些常见类型？有何特点和用途？

(2) 电感器有哪些主要参数?

(3) 如何检测电感器的好坏?

(4) 写出变压器的工作原理，并简述如何区别升压变压器和降压变压器。

(5) 如何判断变压器线圈绕组的通断? 如何判别变压器的初、次级绕组?

2．识别、检测电感器并判断其质量好坏（表4—2—8）。

表4—2—8 电感器的识别与质量检测

序号	电感器类别	图形符号	标注方法	标称电感量	额定电流	检测方法	检测结果
1							
2							
3							
4							
5							
6							

3．测量电源变压器的阻值，并判断其初、次级（表4—2—9）。

表4—2—9 变压器的检测

序号	测量对象	测量值（Ω）	初级或次级
1	红1～红2		
2	绿1～绿2		
3	绿3～绿2		
画出该变压器的图形符号			

五、功放电路板主要元器件的检测

查阅相关资料，识读2.1声道有源音箱功放电路原理图（图4—2—2），完成功放电路板主要元器件的检测（表4—2—10）。

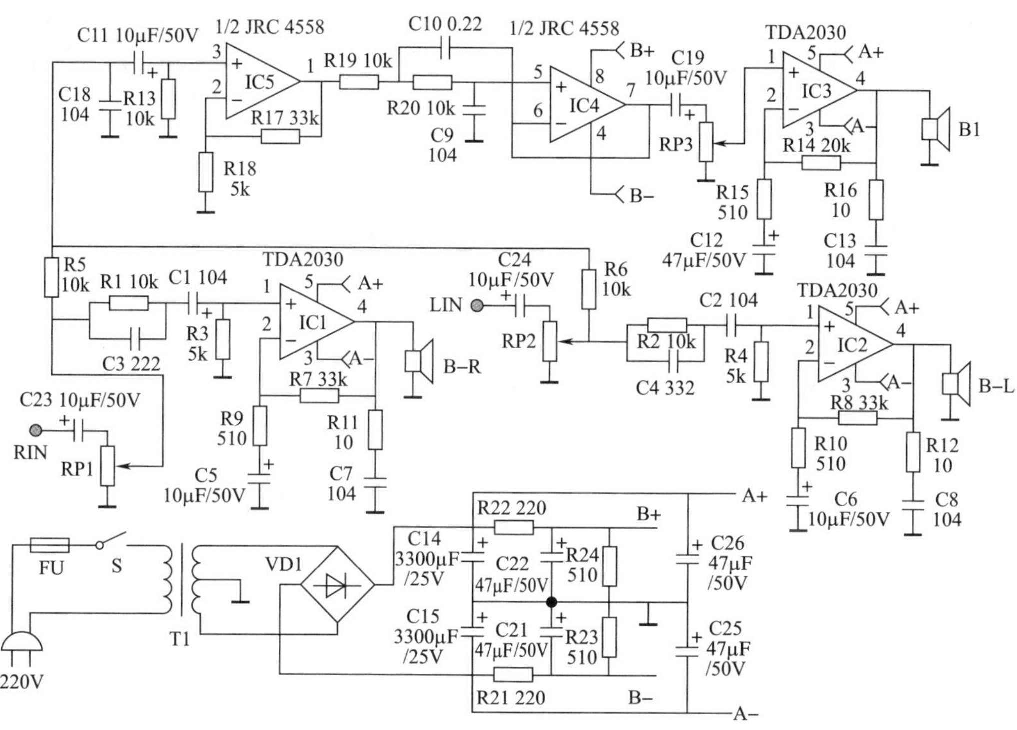

图 4—2—2　功放电路原理图

表 4—2—10　　功放电路板主要元器件的检测

序号	元器件名称	型号及规格	数量	检测结果
1				
2				

续表

序号	元器件名称	型号及规格	数量	检测结果
3	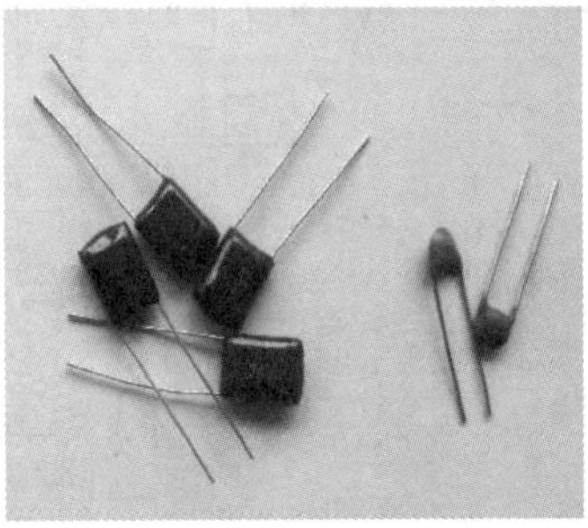			
4				
5				
6	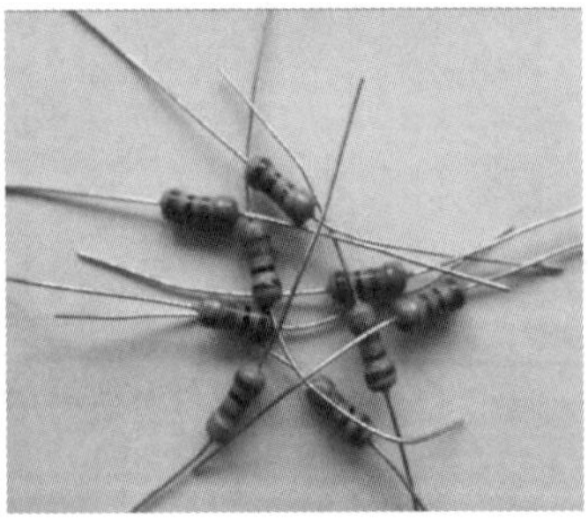			

六、常用组装工具的类型、功能及使用

1. 查阅相关资料，回答下列问题。

（1）分别简述台式钻床、立式钻床和摇臂钻床的组成结构、主要特点和应用领域。

（2）麻花钻头由哪几个部分组成？各部分的作用是什么？如何刃磨麻花钻头？

（3）钻孔时有哪些操作要点？其安全文明生产注意事项是什么？

（4）什么是扩孔？扩孔时应如何操作？用扩孔钻扩孔时应注意哪些问题？

(5) 锪孔有哪些操作方法？锪孔时的操作要点及注意事项是什么？

2. 根据表4—2—11中的常用组装工具实物图片，填写其对应的名称、特点和主要功能。

表4—2—11 常用组装工具的名称、外形、特点及主要功能

序号	实物图片	名称	特点	主要功能
1	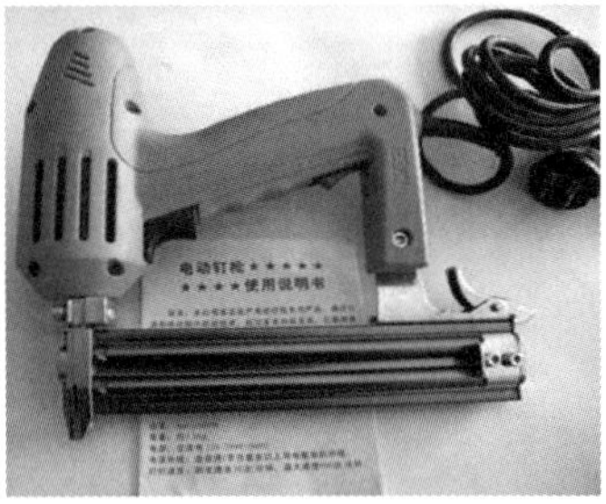			
2				
3	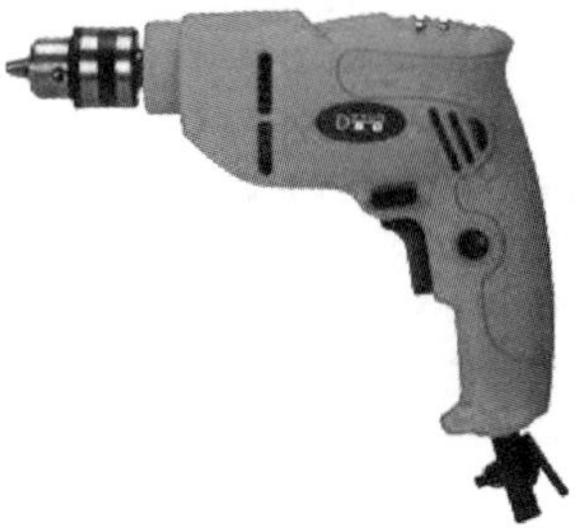			

续表

序号	实物图片	名称	特点	主要功能
4				

七、制订组装方案（表4—2—12）

表4—2—12　　2.1 声道有源音箱的组装方案

<table>
<tr><td>任务名称</td><td colspan="2"></td><td>工作任务日期（起—止）</td><td></td><td>方案制订日期</td><td colspan="2"></td></tr>
<tr><td>序号</td><td>组装步骤</td><td colspan="3">具体工作内容</td><td>所需资料、材料及工具</td><td>负责人</td><td>参与人员</td></tr>
<tr><td>1</td><td></td><td colspan="3"></td><td></td><td></td><td></td></tr>
<tr><td>2</td><td></td><td colspan="3"></td><td></td><td></td><td></td></tr>
<tr><td>3</td><td></td><td colspan="3"></td><td></td><td></td><td></td></tr>
<tr><td>4</td><td></td><td colspan="3"></td><td></td><td></td><td></td></tr>
<tr><td>5</td><td></td><td colspan="3"></td><td></td><td></td><td></td></tr>
<tr><td>6</td><td></td><td colspan="3"></td><td></td><td></td><td></td></tr>
<tr><td>7</td><td></td><td colspan="3"></td><td></td><td></td><td></td></tr>
<tr><td>8</td><td></td><td colspan="3"></td><td></td><td></td><td></td></tr>
</table>

教师审核意见：

教师（签名）：__________　　决策人（签名）：__________

年　　月　　日

评价与分析

根据每个小组成员在本活动学习过程中的表现情况填写《学习任务过程性考核记录表》。

学习活动 3　2.1 声道有源音箱的组装、检测与验收

学习目标

1. 能完成音箱箱体的制作。

2. 能完成音箱各模块元件、电路板与外壳的组装。

3. 能进行通电调试，并能排除故障。

4. 能按照验收标准进行产品验收。

5. 能按照现场 6S 管理规范清点与维护工具，整理工作现场。

建议学时　36 学时。

学习过程

一、2.1 声道有源音箱箱体的制作

1. 根据实际操作工艺，完成两个箱体的下料。

（1）对下列操作步骤进行排序。

切割机锯割中纤板	按箱体尺寸划线	手工锯锯削中纤板	锯掉过多的余量	用锉刀精加工底板

（2）根据实际操作工艺确定音箱箱体的尺寸（表4—3—1）。

表4—3—1 音箱箱体尺寸

序号	部位	尺寸（mm）	数量
1	前面板		
2	后面板		
3	侧面板		
4	顶板		
5	底板		
6	加强筋		

2. 如何粘接与加固箱体？有哪些注意事项？

3. 箱体如何开孔？有哪些注意事项？

4. 箱体顶板如何粘接固定？有哪些注意事项？

5. 箱体如何贴纸装饰?

二、电路板与音箱外壳的组装

1. 插装、焊接功放电路板元件。

（1）对照实物图，正确焊接各模块元器件，并指出在焊接时有哪些注意事项。

（2）检查已经焊接好的元器件管脚是否过长，能否使用斜口钳来对其进行修剪?

2. 对照实物图，对准各模块电路板的安装位置，安装铜柱螺钉，合理地在箱体内放置各模块，并简述其过程。

3. 对照实物图，对音箱板的接口名称进行识别，然后选取相应的音箱接口线对音箱各模块电路板、音箱外壳进行连接，并简述其过程。

4. 对照实物图，在音箱内放置隔音棉，准备好封箱盖，为下一步检查验收做好准备，并简述其过程。

三、通电调试与验收

1. 音箱线路及功能检测

待元器件安装完成后，对照样机的连线进行检查，看有无连线错误或安全隐患，其检测项目如下：

（1）音箱线路检测

当音箱导线连接和元器件安装完成后，应再次检查元器件有无错装，导线有无错接、漏接或脱落现象；若没有问题，则将底板安装在箱体上准备功能测试。

（2）音箱功能测试

将音箱分别与 DVD 机、计算机主机正确连接，依次打开音箱、DVD 机、计算机电源开关，观察音箱电源指示灯和扬声器工作状态。

（3）音箱故障分析

若音箱功能测试过程中出现电源指示灯不亮、声音时有时无等故障现象，则要拆开音箱，分析故障原因，找出并排除故障。

按照上述测试的基本要求，对各部分的组装质量进行自检，在表 4—3—2 中记录安装过程中遇到的问题，并在表 4—3—3 中做好组装质量记录。

表 4—3—2　安装过程问题记录表

序号	问题	分析原因
1		
2		
3		
4		
5		
6		
7		

表 4—3—3　组装质量记录表

自检项目	自检结果	解决方法

2. 交付验收

(1) 各小组派出代表进行交叉验收，并填写验收过程问题记录表（表4—3—4）。

表4—3—4 验收过程问题记录表

序号	验收中存在的问题	改进和完善措施	完成时间	备注
1				
2				
3				
4				

(2) 验收标准及评分（表4—3—5）

表4—3—5 2.1声道有源音箱的组装验收标准及评分表

序号	验收项目	验收标准	配分	客户评分	备注
1	音箱外观	无新的划痕、破损、裂缝，无油污，外观整洁、干净、美观	20分		
2	元器件焊接工艺	焊点焊锡分布均匀，有光泽，呈水滴状，无毛刺、虚焊或焊点过大的现象	20分		
3	控制线路连接	导线连接正确、牢固，连接线捆扎牢固 导线绝缘处理工艺符合要求	20分		
4	整机组装	整机组装时，元器件、导线、音箱外壳位置正确，安装牢固，螺钉无漏装现象	20分		
5	通电运行	各部件运动灵活，无碰撞，无异响 声音效果良好，无爆破音、电流声及啸叫声	20分		
客户对项目验收评价成绩			100分		

四、整理工具、清理现场

按照现场6S管理规范清点与维护工具，整理工作现场。

评价与分析

根据每个小组成员在本活动学习过程中的表现情况填写《学习任务过程性考核记录表》。

学习活动4　工作总结与评价

学习目标

1. 能按分组情况，选派代表用PPT展示本组工作成果，并进行自我评价与小组评价。

2. 能结合任务完成情况，正确规范地撰写工作总结(心得体会)。

3. 能对本任务中出现的问题进行分析，并提出改进措施和方法。

建议学时　4学时。

学习过程

一、个人、小组评价

以小组为单位，选择演示文稿、展板、海报、视频等形式中的一种或几种，向全班展示、汇报制作成果。在展示的过程中，以小组为单位进行评价；评价完成后，根据其他小组成员对本组展示成果的评价意见进行归纳总结。

二、听取教师评价

认真听取教师对本小组展示成果优缺点以及工作过程中亮点和不足的评价意见，并做好记录。

1. 教师对本小组展示成果优点的点评。

2. 教师对本小组展示成果缺点以及改进方法的点评。

3. 教师对本小组整个任务完成中出现的亮点和不足的点评。

三、工作过程回顾及总结

1. 总结完成2.1 声道有源音箱组装任务过程中遇到的问题和困难，列举2～3 点你认为比较值得和其他同学分享的工作经验。

2. 回顾本学习任务的工作过程，对新学专业知识和技能进行归纳和整理，写一篇字数不少于600字的工作总结。

工作总结

评价与分析

按照“客观、公正和公平”原则，在教师的指导下按自我评价、小组评价和教师评价三种方式对自己或他人在本学习任务中的表现进行综合评价。综合等级按：A（90～100）、B（75～89）、C（60～74）、D（0～59）四个级别进行填写，见表4—4—1。

表4—4—1　学习任务综合评价表

考核项目	评价内容	配分	评价分数		
			自我评价	小组评价	教师评价
职业素养	劳动保护用品穿戴完备，仪容仪表符合工作要求	5分			
	安全意识、责任意识、服从意识强	6分			
	积极参加教学活动，按时完成各项学习任务	6分			
	团队合作意识强，善于与人交流和沟通	6分			
	自觉遵守劳动纪律，尊敬师长，团结同学	6分			
	爱护公物，节约材料，管理现场符合6S标准	6分			
专业能力	专业知识扎实，有较强的自学能力	10分			
	操作积极，训练刻苦，具有一定的动手能力	15分			
	技能操作规范，注重安装工艺，工作效率高	10分			
工作成果	项目安装符合工艺规范，产品功能满足要求	20分			
	工作总结符合要求，产品制作质量高	10分			
总　分		100分			
总评	自我评价×20%＋小组评价×20%＋教师评价×60%＝	综合等级	教师（签名）：		

附表：

学习任务过程性考核记录表

任务名称：________　　学习地点：________　　学习时间：____年__月__日起至____年__月__日止

班级名称：______　　团队名称：______　　组长：______　　教师签名：______

序号	姓名	岗位名称	劳动组织纪律													职业道德与素养									专业知识与技能			
			早训	午训	迟到	早退	旷课	请假	零食	打闹	睡觉	离岗	游戏	闲聊	工具	卫生	仪表	礼仪	安全意识	服从意识	责任意识	态度	展示	6S	学习笔记	产品工艺	技能训练	工作页质量
1																												
2																												
3																												
4																												
5																												
6																												

记录说明：

1）早训、午训：是指做操时迟到、早退或缺席；

2）迟到、早退和旷课：是指上课期间考勤记录情况；

3）工具：是指上课不带学习或实训工具以及工具不齐；

4）卫生：是指所打扫工作台或实训室卫生不达标；

5）仪表：是指不穿工装，不戴校牌，染发，必要时不戴工作帽等；

6）礼仪：是指不按要求问好，不尊重教师，骂脏话等；

7）安全意识：是指乱动实训设备、电源，违章作业等；

8）服从意识：是指不听教师或管理人员安排工作，顶撞或威胁他人；

9）责任意识：是指做事不认真、敷衍了事，不爱护或损坏公物，浪费实训材料等；

10）态度：是指不积极、不主动参加各种教学活动，没有团队精神等。

注：劳动组织纪律各项用“正”字的“一”表示违纪 1 次或旷 1 节课；职业道德与素养以及专业知识与技能分“优、良、中、及格、不及格”五等，分别用“A、B、C、D、E”进行标注。